家中园艺丛书

营造缤纷多肉世界

40种萌宠多肉养护栽培×轻松搞定

慢生活工坊　编著

U0345105

 海峡出版发行集团 | 福建科学技术出版社

THE STRAITS PUBLISHING & DISTRIBUTING GROUP | FUJIAN SCIENCE & TECHNOLOGY PUBLISHING HOUSE

图书在版编目 (CIP) 数据

营造缤纷多肉世界 / 慢生活工坊编著 . —福州：
福建科学技术出版社，2017.10
（家中园艺丛书）
ISBN 978-7-5335-5411-8

Ⅰ.①营… Ⅱ.①慢… Ⅲ.①多浆植物 - 观赏园艺
Ⅳ.① S682.33

中国版本图书馆 CIP 数据核字（2017）第 196769 号

书　　名	营造缤纷多肉世界
	家中园艺丛书
编　　著	慢生活工坊
出版发行	海峡出版发行集团
	福建科学技术出版社
社　　址	福州市东水路76号（邮编350001）
网　　址	www.fjstp.com
经　　销	福建新华发行（集团）有限责任公司
印　　刷	福建彩色印刷有限公司
开　　本	700毫米×1000毫米　1/16
印　　张	8
图　　文	128码
版　　次	2017年10月第1版
印　　次	2017年10月第1次印刷
书　　号	ISBN 978-7-5335-5411-8
定　　价	35.00元

书中如有印装质量问题，可直接向本社调换

前言
PREFACE

"偷得浮生半日闲"，亲自动手为家居添上一抹绿色，增加一段悠闲的午后时光，让生活丰富有趣。

"家中园艺"系列丛书，包括《打造别致专属花园》《营造缤纷多肉世界》《巧种营养绿色蔬菜》三册，将适合阳台种养的花草、多肉、蔬菜囊括其中，向读者展示亲自动手栽种的成就感和乐趣。

《营造缤纷多肉世界》一书中将多肉按照养护难度分级，让读者更容易找到适合自己养护的多肉植物；同时还有多肉植物的基础养护内容，让初学者也能得心应手；最后一章节中，将最适合的多肉进行混搭，呈现出缤纷多彩的多肉世界。

参加本书编写的人员包括：李倪、张爽、易娟、杨伟、李红、胡文涛、樊媛超、张严芳、檀辛琳、廖江衡、赵丹华、戴珍、范志芳、赵海玉、罗树梅、周梦颖、郑丽珍、陈炜、郑瑞然、刘琳琳、楚晶晶、惠文婧、赵道强、袁劲草、钟叶青、周文卿等。由于作者水平有限，书中难免有疏漏之处，恳请广大读者朋友给予批评指正 。若读者有技术咨询或其他问题，可通过邮箱xzhd2008@sina.com和我们联系。

目录 CONTENTS

01
生命力顽强的多肉

02
小试牛刀新挑战新惊喜

03
最萌宠造型的多肉

04
带多肉回家的必备技巧

05
创造专属多肉小世界

01

生命力顽强的多肉

首先，让我们来了解一下生命力比较顽强，照顾起来比较容易的多肉品种，它们不仅易于养护，还能给你增强信心。

玉蝶

产地：墨西哥　种植难度 ★ ★ ☆ ☆ ☆

玉蝶为景天科石莲花属多肉植物，生长期在 4~10 月，为春秋型种。

形态特征

玉蝶是多年生肉质草本或亚灌木，株高 20~60 厘米。叶匙形，顶端有尖头，肉质稍薄，披白粉。叶片绿色或蓝绿色，尖头呈红色，呈莲座状。6~8 月开花，花瓣外为红色，内为黄色，钟形。

光照、温度

玉蝶生性顽强，耐干旱，耐半阴，不耐寒。生长期应放在阳光充足的地方养护，若光照不足，植株会徒长，叶片疏散，颜色变浅。

浇水、施肥

玉蝶在生长期可以适量浇水，保持盆土稍干燥。盛夏可以向植株周围喷水，以增加空气湿度。每月施一到两次腐熟的薄肥或复合肥，夏冬季无需施肥。

1	
2	3

1. 玉蝶在光照充足的条件下，叶缘会变红。

2. 玉蝶开花如同一串串铃兰一样，清新淡雅。开花会消耗玉蝶大量的营养，要及时补充养分。

3. 玉蝶基部的叶片容易脱落，久而久之形成老桩，古朴素雅的老桩也给玉蝶增加了观赏度。

养护要点

玉蝶在夏季休眠，但是其休眠期并不明显。在光照不足的情况下还是很容易株形松散，叶间距增加，叶色变白，叶片拉长甚至会下垂，失去其欣赏度。所以养护过程中一定要保证充足的光照。

玉蝶容易不断地长出新叶，如果频繁改变生长环境，容易出现叶片大小不一的情况。玉蝶的基部叶片也很容易褪去，形成老桩，褪去的茎干上容易萌生侧芽，最终形成多头老桩。

换盆、繁殖

玉蝶最好每年春季换盆一次，选用疏松、透气性好的土壤栽培，这样有利于玉蝶更好地成长。生长爆盆的玉蝶可以用分株、扦插的方式进行繁殖。

小贴士 Tips

春季：给予充足的日照，可进行扦插繁殖，每4~7天浇水1次。

夏季：盛夏需遮阳，放置通风处，每5~10天浇水1次。

秋季：适量施肥，保持充足的阳光，每4~7天浇水1次。

冬季：最好将室温保持在3℃以上，减少浇水频率，每15~20天浇水1次。

琉璃殿

产地：南非　种植难度★★☆☆☆

琉璃殿又名旋叶鹰爪草，为百合科十二卷属多肉植物，生长期主要在春秋季，为冬型种。

形态特征

琉璃殿植株姿态奇特，叶盘莲座状，叶片向同一个方向偏转排列，叶片呈卵圆状三角形，先端急尖，叶色深绿。总状花序，花白色。

光照、温度

琉璃殿喜温暖干燥和阳光充足环境，耐半阴，较耐寒。生长适温 18~24℃，冬季温度不宜低于 5℃。喜光照，夏季高温强光时注意避阴。

浇水、施肥

琉璃殿耐干旱，生长期应保持土壤湿润，冬季应保持土壤稍干燥，切记避免时干时湿。较喜肥，生长季节每月施肥一次。

琉璃殿植株叶片好像美丽的风车，姿态优美，适合摆放在窗台、书桌等处观赏。

1
——
2

1.琉璃殿的黄色斑锦品种，黄色叶片分布不一。

2.琉璃殿开花不易，但其白色小花绽放后，非常耐看，长达35厘米的花序上的几朵白色小花，让其观赏价值更高。

养护要点

琉璃殿的叶片为深绿色，叶片上有无数小横条凸起，酷似一排排琉璃瓦，其斑锦品种的叶片上会出现不同的颜色凸起。琉璃殿生长缓慢，开花不易，可以用换盆增快其生长速度。

换盆、繁殖

琉璃殿生长较缓慢，可以每两年换盆一次，适合在春季换盆。换盆时，也可以将已经爆盆的琉璃殿分株繁殖，将母株上基部的幼株剪下来分栽即可。分栽后浇水不宜过多，以免影响根部的恢复。

琉璃殿还可以用扦插繁殖，扦插时间宜在5~6月，将母株基部的叶片剪下，插入沙床即可，扦插后温度在18~22℃的话，20~25天后扦插即可生根成活。

🛡 小贴士 Tips

栽种的土壤应选用腐叶土、培养土和粗砂的混合土，然后加入少量干牛粪和骨粉，保持植物生长所需的营养。最主要的病还是叶斑病和根腐病，如果出现，需要及时喷洒药剂进行治疗。

唐印

产地：南非　种植难度★★☆☆☆

唐印又名牛舌洋吊钟，为景天科伽蓝菜属多肉植物，生长期在春秋季，为春秋型种。

形态特征

唐印为多年生肉质植物，又名舌洋吊钟。其茎粗壮，茎呈灰白色，植株多分枝，叶片倒卵形，对生，排列紧密，叶色呈淡绿色或黄绿色，被有浓厚的白粉，当春秋季阳光充足时，叶缘会变成红色。春季开花，花小，筒状，花为黄色。

光照、温度

唐印耐干旱，耐半阴，适宜干燥温暖的环境。春秋季为其生长期，需保持充足的日照。夏季高温时，要放置在通风、遮光的地方养护，冬季给予充足的阳光。生长适温为 18~25℃，能耐 3~5℃的低温。

浇水、施肥

唐印浇水见干见湿，保持盆土稍湿润。一个月施 2~3 次腐熟的薄肥。夏季高温少量浇水，放置通风阴凉处养护。

萌肉形态

摆放帮帮忙

　　唐印叶片肥厚，在阳光下能绽放不一样的颜色，适合摆放在家中阳光充足的位置养护。

<table>
<tr><td colspan="2">1</td></tr>
<tr><td>2</td><td>3</td></tr>
</table>

1.唐印在阳光充足的条件下，叶片的颜色会变成红色至深红色。

2.唐印的花期长，有 4 个月之久，花色为白色，玲珑可爱。

3.唐印的叶片上被有白粉，更具观赏价值。

养护要点

　　唐印开花会消耗大量的植物养分，且因为唐印花期很长，所以开花后唐印母株容易营养不良。所以当唐印花序长出后，可以少量浇水，保持盆土微湿，且要勤施薄肥，保证唐印得到充足的养分。

　　如果觉得唐印的花不具有观赏性的话，可以在抽序时，直接将花序剪掉，这样可以避免唐印花期营养不足的情况，且能让唐印长期正常生长。

换盆、繁殖

　　唐印每年春季换盆一次，盆土宜选用排水性和透气性良好的沙土。可进行芽插或叶插繁殖。

小贴士 Tips

　　1.唐印在浇水或施肥时，忌将水或肥料浇到叶片上，以免将叶面上的白粉冲掉，影响植株的美观性。

　　2.栽培基质宜用粗河砂细河砂和有机培养土、珍珠石、蛭石的混合物。

卷绢

产地：欧洲　种植难度★☆☆☆☆

卷绢又名蛛网长生草，为景天科长生草属多肉植物，生长期主要在春秋季，为夏型种。

形态特征

　　卷绢属于多年生肉质植物。植株高度在 8 厘米左右，叶片肉质，呈倒卵形状紧密排列生长。植株整体呈莲座状，叶尖顶端密集生长白毛，结成蜘蛛网形状。花序呈聚伞状，花色为淡紫色，一般夏季开花。

光照、温度

　　卷绢比较适应凉爽的气候，生长期主要在冷凉季节，所以在夏季高温季节要特别注意进行养护。

浇水、施肥

　　卷绢要保持植株的适当通风且减少浇水。在冬季要注意将植株放在室内，确保植株正常过冬。生长期可每月施肥一次，其他季节少施肥。

摆放帮帮忙

卷绢可常年欣赏，适合放置在茶几、书桌、阳台等处。

$$\frac{1}{2\ |\ 3}$$

1. 卷绢也会缀化，缀化品种层层叠叠，非常具有观赏性。

2. 大红卷绢的植株低矮，呈丛生状，平时其叶片为绿色，在冷凉且光照充足的条件下呈现紫红色。

3. 卷绢容易群生，如图片上爆盆的卷绢可以换盆或分株繁殖了。

养护要点

卷绢呈现莲座状，叶片细长环生，养护时间长了，叶尖上会有丝相互缠绕，形成一个个非常靓丽的形状，在浇水时，一定要注意蛛丝的保护。

卷绢对泥土的要求不高，可以用泥炭土混合珍珠岩使用。为了增加透气性，可以在土壤的表层增加颗粒干净的河沙。

换盆、繁殖

卷绢一般在春季换盆，如有爆盆的植物要用更大的花盆栽种。繁殖用播种、分株和扦插法。卷绢容易群生，分株法能快速繁殖。

小贴士 Tips

卷绢耐干旱，夏季干燥天气需适当浇水，一般每月浇水 2~3 次，忌直接从植株顶部浇水。

植株生长较缓慢，其生长奇特，在叶尖顶部密披白毛，形如蜘蛛网，具有很高的观赏价值，在家中栽培成活的话，可常年欣赏。

条纹十二卷

产地：南非　种植难度★★☆☆☆

条纹十二卷为百合科十二卷属多肉植物，又叫锦鸡尾、条纹蛇尾兰、十二之卷，原产于非洲南部的干旱地区，多年生肉质草本植物。

形态特征

条纹十二卷为多年生肉质草本植物，植株无茎，叶簇生，叶片三角形，叶尖呈剑形，叶背凸起，叶色深绿，表面光滑，总状花序，小花绿白色，花期夏季。

光照、温度

条纹十二卷喜温暖干燥和阳光充足的环境，生长适温为15~25℃，不耐寒，冬季不宜低于5℃。

浇水、施肥

植株耐干旱，怕潮湿，浇水时遵循"不干不浇，浇则浇透"的原则。盆土可用肥沃、排水良好的腐叶土。繁殖常用分株和扦插繁殖，培育新品种时则采用播种。

萌肉 形态

摆放帮帮忙

条纹十二卷肥厚的叶片镶嵌着带状白色星点，清新高雅。可配以造型美观的盆钵，装饰桌案、几架。

$$\frac{1}{2 \mid 3}$$

1. 条纹十二卷的栽培品种星座卷，其叶片聚拢生长，缺水时，叶尖会先变干枯。

2. 条纹十二卷斑锦品种，其斑锦品种的叶片上有黄色斑纹，面积不一。

3. 条纹十二卷也可以水培，因为其有发达的根系。

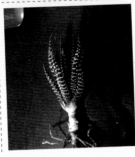

养护要点

在夏季炎热时，强烈的光照会让叶尖变红，甚至枯焦；光照不足又会使株形散乱，影响观赏度。所以条纹十二卷在夏季时，最好放在光线明亮但无直射光的地方养护。

平时养护时，要保持盆土稍微干燥一点，这样能控制长势，保证整体美观。

换盆、繁殖

条纹十二卷的繁殖可采用分株法，可以结合换盆进行。全年均可进行，常在 4~5 月换盆时，把母株周围的幼株剥下，直接盆栽。分株上盆后将盆置于荫蔽处，并控制浇水，待新根长出后逐渐增加光照和浇水量。

小贴士 Tips

条纹十二卷的根系不深，可以用浅盆栽种。

条纹十二卷的盆土要求疏松肥沃、排水性良好，盆土可以选用腐叶土、园土、粗砂按 1:1:2 的比例栽种，再加入少量的骨粉做基肥。

黑王子

产地：美洲　种植难度★★☆☆☆

黑王子为景天科拟石莲花属多肉植物，生长期为春秋季，为春秋型种。

多年生肉质草本植物。植株呈莲座状，叶片呈匙形，较厚，先端急尖，叶色黑紫色。植株在光照不足或生长旺盛时，叶片中心会呈现出深绿色。在夏季开花，花小，呈紫色或红色。

黑王子喜光照，夏季高温时需要采取适当的遮阴措施。黑王子喜欢凉爽干燥的环境，保持盆土处于湿润状态即可。盆土宜选择腐叶土＋沙土＋园土的混合沙质土壤。可采用叶插法进行繁殖，易成活。

1 光照
春季至秋季是黑王子的生长期，要给予充足的阳光，夏季放在通风良好处。

2 温度
适宜生长温度为16~19℃，能耐3~5℃的低温。

3 施肥
较喜肥，生长期可适当施液肥，冬季停止施肥。

4 浇水
生长季保持湿润，冬季室内温度高于10℃时，可正常浇水。如温度达不到10℃，则应减少浇水。

1	2	3	4	5	6	7	8	9	10	11	12

给予充足光照　　　　　　　　适当遮阴　　　　　　给予充足光照

减少浇水　　保持稍湿润　　　减少浇水　　保持稍湿润　　减少浇水

萌肉形态

摆放帮帮忙

叶片带着高贵的经典黑色，使黑王子区别于其他的多肉植物，用来点缀家居真是妙不可言。

千代田之松

产地：墨西哥　种植难度★☆☆☆☆

千代田之松为景天科厚叶草属多肉植物，生长期在春秋季，为春秋型种。

小型多年生肉质草本植物。植株茎短，叶片呈长圆形或披针形或略扁的圆柱形，圆润，叶尖有棱，叶色绿色，叶面上披白霜，有时还有紫色红晕。春季开花，花朵钟状，橙红色。

千代田之松多采用叶插的方法繁殖，操作简单，容易成活。千代田之松抗逆性强，只要养护过程中保证通风和光照，就不会有病虫害的滋生。

1 光照

喜阳光充足的环境，几乎全年生长。充足的光照使叶片变白，夏季适当遮阴。

2 温度

喜凉爽，生长适温为18~25℃。不耐寒，冬季温度不宜低于10℃。

3 施肥

较喜肥，生长期每月施肥1次。

4 浇水

怕夏季湿热的环境，夏季高温时控制浇水量。春秋两季可充分浇水。

1	2	3	4	5	6	7	8	9	10	11	12

全日照　　　适当遮阴　　　全日照

少浇水　　充分浇水　　少浇水　　充分浇水　　少浇水

萌肉形态

摆放帮帮忙

千代田之松适合与迷你多肉植物组合栽种，还可以和大型植株组合，点缀其中带来层次感，可摆放于庭院、花架等处。

虹之玉

产地：墨西哥　种植难度 ★ ★ ☆ ☆ ☆

虹之玉为景天科景天属多肉植物，生长期在春秋季，为冬型种。

形态特征

虹之玉为多年生肉质草本植物，植株高 10~20 厘米。叶片长椭圆形，肉质。叶片为绿色，上部为红色，日照充足且温差较大的情况下，叶片会呈现红绿相间的状态，尤为动人。冬季开花，黄色。

光照、温度

虹之玉喜温暖和光照充足的环境，较耐旱，耐寒。可接受全日照，叶片颜色会越晒越红；盛夏需要适当遮阴，防止强光灼伤叶片。

浇水、施肥

春秋季浇水要见干见湿，一般一月施一次有机液肥即可。夏冬季少量浇水，不宜施肥。

萌肉
形态

摆放帮帮忙

　　虹之玉株形美观，色彩艳丽，非常适宜摆放于案头、书桌、茶几等处观赏。

1	
2	3

1.在充足的光照条件下，虹之玉的叶片会逐渐变红。

2.虹之玉容易成活，掉落在花盆中的叶片有时也能形成新的植株，如图中，新生的叶片和老叶片交相辉映。

3.虹之玉基部叶片脱落后，基部会逐渐形成老桩。

养护要点

　　虹之玉养护过程中光照控制是最关键的，长时间在全日照下养护，且水分充足的话，虹之玉生长较快，叶片之间紧密、肥大，叶色会逐渐变成大红色，如果稍微比较干燥，叶片还会形成好看的阳红色。

　　如果长期摆放在没有光照的地方，叶片之间距离会拉长、松弛，叶色没有光泽，呈现暗绿色。

换盆、繁殖

　　虹之玉生长较慢，每2~3年需要修剪一次。虹之玉的繁殖以叶插为主，繁殖速度快，成活率高。

🔧 **小贴士 Tips**

　　1.虹之玉容易群生，日照充足的情况下叶片会变为红色或粉红色，非常适合组合盆栽。
　　2.夏季休眠时要减少浇水。
　　3.盆栽适宜摆放于客厅或阳台养护，保证其充足的光照。

火祭

产地：南非　种植难度★★☆☆☆

火祭又名秋火莲，为景天科青锁龙属多肉植物，生长期主要在春秋季，为夏型种。

形态特征

火祭高约20厘米，茎直立或匍匐状。叶肉质对生，长圆形，密集排列，整株呈四棱形。叶片较为饱满，颜色为绿色至深红色。当春秋季日照充足且温差较大时，叶色更为明艳。夏季或秋季开花，花小色白，镶嵌于叶片中间，星状簇生，甚为美观。

光照、温度

火祭喜凉爽、干燥和阳光充足的环境。需要全日照，盛夏时可适当遮阴。

浇水、施肥

浇水不宜过多，生长期每周浇水一次。夏季减少浇水量或断水。冬季低于5℃时，停止浇水。每月施一次以磷钾为主的薄肥即可。

萌肉形态

摆放帮帮忙

　　可做盆栽、垂吊盆景或与其他多肉植物组合盆栽，置于阳台、庭院等地观赏，都是极好的。

$$\frac{1}{2 \mid 3}$$

1. 火祭的斑锦品种，被多肉爱好者称为火祭之光。叶色绿色，有白色或黄色斑纹，经太阳暴晒后会出现粉红色，形成白、绿、粉相间，色彩斑斓。

2. 暴晒后火祭呈火红色。

3. 光照不足时，火祭叶片颜色为绿色。

养护要点

　　火祭可以说是光照的风向标。阳光充足时，叶缘泛红，特别是秋末至翌年初昼夜温差大，其叶片颜色更加鲜艳；光照不足，火祭徒长，叶片呈青绿色并且下垂生长。

换盆、繁殖

　　火祭每 1~2 年春季换盆一次，盆土宜用排水透气性良好的沙质土壤。火祭的繁殖以扦插为主，常结合修剪，宜在生长季节进行。

　　剪取带顶梢的肉质茎做插穗，在扦插前，晾晒 2~3 天，待伤口干燥后直接插入培养土中，后保持盆土稍湿润即可。扦插也可以直接用叶插繁殖。

🌱 小贴士 Tips

　　1. 植株长得过高时要及时修剪，以控制植株高度，促使基部萌发新的枝叶，维持株形的优美。
　　2. 选择透气性、透水性较好的土壤，盆器慎用玻璃质地，因其吸热且透气性较差。

白凤菊

产地：南非　种植难度★★☆☆☆

白凤菊又名姬鹿角，为番杏科覆盆花属多肉植物，无明显休眠期，为夏型种。

形态特征

白凤菊的叶片肉质，呈三菱形，边缘有小锯齿。其老枝茎干呈棕红色，嫩枝稍带浅红色或黄绿色。春末夏初开花，花瓣、花丝呈淡紫色，花药呈黄色。

光照、温度

白凤菊性喜温暖干燥和阳光充足的环境，耐旱，怕水湿，生长适温 15~25℃。

浇水、施肥

生长期浇水要干透浇透，一般每月施一次多肉专用缓释肥，遵循少量多次的施肥原则。夏季高温 35℃以上会进入休眠期，需适度遮阴，注意通风并控制浇水。

**萌肉
形态**

摆放帮帮忙

　　白凤菊叶形奇特，花色明丽，适合摆放于办公室、客厅、书桌等地，具有较高的观赏价值。

$$\frac{1}{2 \mid 3}$$

1.白凤菊开粉红色小花，非常迷人，春末花期时，基本开花不断。

2.琴叶菊与白凤菊相似，常常被人误认为是白凤菊，其叶片要比白凤菊大，且株形较矮。

3.白凤菊的生长速度非常快，一个生长季就能爆盆，若光照不足，容易导致株形溃散、不紧凑。

养护要点

　　白凤菊的叶片大小会随着养护情况不同而大小不一，叶片上的颜色也会随着光照强度不同而不同，从浅绿色到灰白色。

换盆、繁殖

　　白凤菊在生长期爆盆后就要换盆，换盆时，可以将植株分株繁殖，取出植株后，梳理根系分出几丛就可以重新上盆栽种。

　　白凤菊除了分株繁殖，也可通过播种、扦插等方式进行繁殖。

🛠 小贴士 Tips

　　1.白凤菊在阴湿环境植物生长不良，高温夏季有短暂休眠或休眠期不明显。

　　2.植物病虫害较少发生，主要以预防为主。

　　3.配土一般以疏松、排水较好的沙质土壤为最佳。

虎刺梅

产地：马达加斯加　　种植难度 ★ ☆ ☆ ☆ ☆

虎刺梅为大戟科大戟属多肉植物，生长期为春、夏、秋三季，为夏型种。

形态特征

虎刺梅为灌木状肉质植物。植株高度 1~2 米，深绿色。茎部多分枝，分枝棱上有灰色粗刺，茎部呈圆柱状。叶片长约 5 厘米，深绿色，呈倒卵形。春夏季开花，深红色，呈杯状。

光照、温度

虎刺梅喜温暖光照，稍耐阴。夏季注意避强光。虎刺梅生长适温为 15~32℃，越冬温度保持在 10℃以上。

浇水、施肥

春季换盆浇水少量，夏秋季节充分浇水，保持土壤湿润度；冬季控制浇水，保持土壤稍干燥。较喜肥，在生长期每月施肥一次。

萌肉形态

```
  1
 2 | 3
```

摆放帮帮忙

　　虎刺梅在开花期异常美丽，很适合摆放在家中观赏，观赏的同时记得给予充足的光照。

虎刺梅有很多栽培品种，其栽培品种的花色也各有不同，如左图中，既有粉白相间的，也有大黄、粉色的，各式各样的花色为虎刺梅增添美感，也让多肉爱好者有更多选择。

养护要点

　　在虎刺梅的生长过程中一般不需要进行修剪，除非在生长的过程中有徒长枝，过密枝叶，地栽的植株根据植株的生长情况和地势进行修剪。

换盆、繁殖

　　虎刺梅每 2~3 年换盆一次。在虎刺梅换盆操作的时候，将带有蘖根的基部幼株均匀分割后上盆或者地栽养护，将剩下的植株移栽至添加新土的盆内栽植，防止病虫害。

　　虎刺梅扦插繁殖的季节可选择性强，在春夏秋季均可进行。剪下长约 15 厘米左右的嫩枝，用水冲洗切口，插入沙床，洒水至土壤湿润，移到阴凉的地方，1~2 个月即可生根。

小贴士 Tips

　　虎刺梅生长需要保持良好的温度和湿度。在夏季空气干燥时，可以用喷雾器在植物周围喷洒少量水，保持湿润度。有强光照射时将盆栽移至半阴处，或适当遮阴。冬季时注意保持一定的光照时间。可用塑料薄膜包住花盆保持温度，中午高温时注意打开塑料薄膜透气，以免温度过高。

宽叶不死鸟

产地：非洲　种植难度★☆☆☆☆

宽叶不死鸟又名大叶落地生根，为景天科伽蓝菜属多肉植物，生长期为夏秋季，为春秋型种。

形态特征

宽叶不死鸟普遍不高，植株茎直立生长，肉质表面为褐色或者红褐色。叶面沿着茎单生向上生长，肉质叶片呈近似三角形状，叶面有斑点，边缘有规则的钝齿，逐渐生长为不定芽。落地后即可生根繁殖成为新的植株。复聚伞花序，花朵顶生开放，橙色花朵数量较少，花形为钟形。

光照、温度

宽叶不死鸟属于阳性植物，适合在阳光充足的环境中生长，耐旱能力强，喜欢肥沃疏松的土壤，适宜生长温度在 13~19℃。华北地区冬季应入室防寒，温度保持在 7~10℃的范围内即可安全过冬。

萌肉
形态

摆放帮帮忙

宽叶不死鸟是室内观叶的佳品，可用于装饰书房、客厅、茶几、书桌等。

1	
2	3

1. 叶缘上长有不定芽，形似蝴蝶，待飞落在地上便能扎根生长。

2. 窄叶不死鸟与宽叶不死鸟类似，只是叶片较窄，叶片上也有各种斑点。

3. 光照不足或浇水不足容易导致宽叶不死鸟徒长，影响观赏度。

浇水、施肥

宽叶不死鸟耐干旱，生长期保持盆土稍湿润，夏季适当喷雾降温，冬季少浇水。较喜肥，生长期每月施肥一次。

换盆、繁殖

宽叶不死鸟几乎全年都在生长，极易群生。其繁殖的方法最简单，叶缘的不定芽掉落后即可自行生根成活。

宽叶不死鸟繁殖方式多样，繁殖方法简单，可采取扦插和播种不定芽的方式繁殖。在植株生长的过程中适当的摘心，可以使得植株株形丰满，长势旺盛。

小贴士 Tips

1. 栽培基质一般用腐叶土和粗沙的混合土。

2. 宽叶不死鸟全草均可入药用，具有消肿解毒、活血止痛的功效。

3. 冬季开花时，要严格控制浇水，但不能不浇水，一般一个月一浇就行。

卧牛

产地：南非　种植难度★★☆☆☆

卧牛又名大叶落地生根，为百合科鲨鱼掌属多肉植物，生长期为春秋季，为春秋型种。

形态特征

卧牛为多年生肉质草本植物，无茎或茎短，叶片肥厚，舌状，先端急尖，呈两列叠生。叶色墨绿，表面粗糙，总状花序。小花筒状，红绿色，花期春夏。

光照、温度

卧牛生长缓慢，习性强健，喜欢温暖干燥、阳光充足的环境。夏季强光下适当遮阴，冬季维持5℃以上。

浇水、施肥

卧牛对水分要求不多，夏季高温时要减少浇水。较喜肥，生长期每月施肥一次。

萌肉
形态

摆放帮帮忙

　　卧牛株形奇特，适合摆放在门庭、客厅、玄关、窗台等处作点缀，有一定的观赏价值。

1	
2	3

1.卧牛的斑锦品种，叶片上会显黄色斑纹。

2.厚叶卧牛，卧牛的栽培品种，叶片比卧牛更加厚实。

3.卧牛容易生长小植株，可以用来分株繁殖。

养护要点

　　充足温暖的光照使卧牛叶片深绿且肥厚，但要注意的是在盛夏高温期注意避免阳光直晒。

　　如果叶片呈现淡茶色，说明光照过强，可选择透气的遮挡物对盆栽进行适当避光，以免影响观赏价值。

换盆、繁殖

　　卧牛的繁殖盆土可采用分株法，多年生的老株会从叶片侧面生出新的侧芽，直接掰下来插入土中即可。

　　扦插的泥土可选用腐叶土、园土和粗沙的混合土，并加入少量干牛粪，但这种叶插方法成活率并不高。

🔨 小贴士 Tips

　　充足温暖的光照使卧牛叶片深绿且肥厚，但要注意的是在盛夏高温期注意避免阳光直晒。如果叶片呈现淡茶色，说明光照过强，可选择透气的遮挡物对盆栽进行适当避光，以免影响观赏价值。

黄丽

产地：墨西哥　　种植难度★★☆☆☆

黄丽又名宝石花，为景天科景天属多肉植物，夏季休眠或半休眠，为冬型种。

黄丽是多年生多肉类植物，植株高约8~10厘米。叶肉质，密集排列呈莲座状。叶片匙形，表面附有蜡质，呈黄绿色或金黄色。长期缺少光照时，叶片则呈绿色；光照充足的情况下，叶片边缘会泛红。花小，红黄色，较少开花。

黄丽在充足的阳光日照后，黄丽的边缘会变成红色。在光线不足时，黄丽也能生长，但其叶色暗淡，而且很容易发生徒长，失去欣赏价值。

1 光照

喜光，夏季避免强光直射。

2 温度

生长适温为15~18℃，夏季温度高于30℃，冬季温度低于5℃时进入休眠。

3 施肥

生长期每3周施1次稀释的仙人掌液体肥。

4 浇水

耐干旱，生长期适度浇水，浇水时，要防止积水。

1	2	3	4	5	6	7	8	9	10	11	12

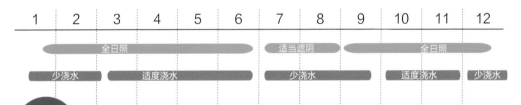

全日照　　　　　　　　　　　适当遮阴　　　　　全日照

少浇水　　　适度浇水　　　　　少浇水　　　适度浇水　　少浇水

萌肉形态

摆放帮帮忙

黄丽适合放置于光照充足的窗台或半阴的室内。

02

小试牛刀新挑战新惊喜

在掌握了最简单的多肉植物养护后，让我们将难度升级，来体验一下养护难度较高的多肉品种吧。

玉露

产地：南非　种植难度 ★ ★ ★ ★ ☆

玉蝶为百合科十二卷属多肉植物，生长期为春秋季，为冬型种。

形态特征

玉露为多年生肉质草本植物。植株高度 3~4 厘米，亮绿色，呈莲座状排列。叶片长 2~3 厘米，肥厚，肉质，透明，呈舟形，有深绿色线状脉纹，阳光充足时脉纹为褐色。夏季开花，白色，有绿色纵条纹，呈筒状。

光照、温度

玉露不耐寒，冬季温度应维持在 5~12℃，喜亮光，也耐半阴；夏季避免强光照射。

浇水、施肥

耐干旱，生长期多浇水，保持土壤湿润度。盛夏高温期减少浇水；秋季温度降低后保持土壤湿润度；冬季减少浇水，保持土壤半干燥。较喜肥，生长期每月施肥一次。

萌肉形态

摆放帮帮忙

　　玉露叶色晶莹剔透，富于变化，非常可爱，适合摆放在书架、茶几等处观赏。

1	
2	3

1. 草玉露为玉露的一种，叶片比玉露更加狭长。

2. 白斑玉露为玉露的斑锦品种，周身泛白，具有一定的观赏价值。

3. 玉露的叶片透明，称为"窗"，给人晶莹剔透之感。

养护要点

　　玉露种植期间，如果植物周围空气较干燥，可经常使用喷雾器向植株及周围环境喷水。

　　在植物生长期可使用剪去上半部的无色透明塑料瓶罩起来养护，营造一个湿润的环境。这样可使叶片饱满，并且透明度更高。

换盆、繁殖

　　玉露每年春季换盆一次，适合用分株法繁殖。在玉露爆盆时，将玉露从盆中轻轻取出，抖落泥土再疏通根系，然后顺着根系将玉露分成小株，最后将分出来的小株重新上盆养护即可。

小贴士 Tips

　　玉露整体株形娇小可爱，晶莹剔透，适宜室内摆放、栽种。栽种宜选用浅盆和较肥沃的沙质土壤。养护时对阳光敏感，光线过强时叶色灰暗。对空气湿度要求较高，空气湿度过低时叶尖的须会迅速枯萎。

姬玉露

产地：南非　种植难度★★★★☆

姬玉露为百合科十二卷属多肉植物，生长期主要在春秋季，为春秋型种。

形态特征

姬玉露是玉露的小型变种。植物叶片肥厚饱满，舟形，排列成莲座状，叶色翠绿，顶部有透明或半透明状的"窗"。

光照、温度

姬玉露喜欢半阴和凉爽的环境，夏季高温时呈休眠或半休眠的状态，植株虽然能耐 3~5℃ 的低温，但冬季最好维持温度在 5℃ 以上。姬玉露怕烈日暴晒也怕过于荫蔽，强烈的直射光会灼伤叶片，而过于荫蔽，会使株形松散，叶片瘦长，并影响"窗"的透明度。

浇水、施肥

耐干旱，生长期保持土壤湿润，多浇水。夏季控制浇水，秋季保持土壤湿润，冬季保持土壤稍干燥。较喜肥，生长期每月施一次肥。

**萌肉
形态**

摆放帮帮忙

　　姬玉露叶形叶色较美，有一定的观赏价值，可放置于窗台、案头等处作为点缀。

1	
2	3

1. 姬玉露的"窗"在阳光下晶莹剔透。

2. 姬玉露容易丛生，如图中所示，姬玉露叶绿形美。

3. 姬玉露的斑锦品种，叶片上有暗红色条纹。

养护要点

　　栽种宜选用浅盆和较肥沃的沙质土壤。养护时对阳光敏感，光线过强时叶色灰暗。对空气湿度要求也较高，空气湿度过低时叶尖的须会迅速枯萎。

　　盛夏高温期减少浇水；秋季温度降低后保持土壤湿润度；冬季减少浇水，保持土壤半干燥。

换盆、繁殖

　　姬玉露一般 2~3 年换盆一次。繁殖方法跟玉露一样，适合用分株法繁殖。在爆盆时，将植物从盆中轻轻取出，抖落泥土再疏通根系，然后顺着根系分成小株，最后将分出来的小株重新上盆养护即可。

🛠 小贴士 Tips

　　1. 植株耐干旱，怕积水，浇水遵循"不干不浇，浇则浇透"的原则。注意防雨淋，以免植株腐烂。

　　2. 盆土宜选择疏松肥沃、排水透气性良好的沙质土壤。

花月夜

产地：墨西哥　种植难度 ★ ★ ☆ ☆ ☆

花月夜为景天科石莲花属多肉植物，生长期在春秋季，为夏型种。

形态特征

花月夜为多年生肉质草本植物，又名红边石莲花。叶匙形，植株呈莲座状，叶面浅绿色，叶缘有红边。花期春季至初夏，花小，黄色。

光照、温度

喜阳光，也耐半阴。缺少光照叶片会变成绿色。怕强光暴晒，夏季适当遮阴。植株喜欢光照，比较耐旱。冬季有休眠，过冬温度不低于5℃即可。

浇水、施肥

耐干旱，喜干燥。春秋两季生长期保持盆土稍湿润，夏季高温时减少浇水。较喜肥，生长期每月施肥一次。

萌肉
形态

摆放帮帮忙

花月夜株形如莲花一般，煞是可爱，可以摆放在庭院中养护。

$$\frac{1}{2 \mid 3}$$

1.光照不足时，花月夜呈现出绿色。

2.花月夜花朵呈铃铛状，花形宛如莲花，可放置在家中供人欣赏。

3.花月夜在充足的光照下，叶尖形成绚丽的玫红色，非常具有观赏性。

养护要点

花月夜虽然有很高的观赏价值，但不要摆放在电视、电脑旁，因为这些位置温度较高，影响花月夜的生存，使其高温或缺光而死亡。

换盆、繁殖

爆盆的花月夜要及时换盆，正常生长的花月夜每年换盆一次。

花月夜选用叶插繁殖。在花月夜植株爆盆时，结合换盆进行叶插繁殖。剪取健壮的叶片，晾晒伤口后，蘸些生根粉，将叶片正面朝上放在花盆中，等待其生根即可。

🔧 小贴士 Tips

1.花月夜没有明显休眠期，夏季要注意减少浇水。花月夜浇水时，要注意不要将水滴在叶片上，否则在太阳光照下，很容易灼伤叶片。

2.花月夜缺少光照叶片会变成绿色。怕强光暴晒，夏季可以适当遮阴。

大和锦

产地：墨西哥　种植难度★★★☆☆

大和锦为景天科石莲花属多肉植物，基本全年生长，为夏型种。

形态特征

大和锦为多年生肉质植物。叶片广卵形至三角卵形，先端急尖，排列成紧密的莲座状，叶色灰绿，有红褐色的斑纹。春季至初夏开花，花小，花呈红色，上部呈黄色。

光照、温度

光照越多，植物色彩越鲜艳。大和锦耐干旱，稍耐寒，冬季温度不宜低于5℃。

浇水、施肥

每年的秋、冬、春为植株的三个生长期，植株对水的需求较大，可以见土壤快干时浇水，一次性浇透，并且保证充足的光照，以防叶色变化。春季要注意连绵的雨天，防止积水。夏季要注意节制浇水，且不能长期雨淋，以免植株腐烂。一般每月施一次腐熟的稀薄液肥，夏季高温时不用施肥。

萌肉形态

摆放帮帮忙

根据大和锦的生长习性，适合放置在温暖通风的环境中养护。

$$\frac{1}{2 \mid 3}$$

1. 光照充足时，大和锦也会有变色情况。

2. 青和锦与大和锦类似，只在叶片颜色上略有不同。

3. 小和锦与大和锦同科属，叶片要比大和锦小巧可爱。

养护要点

　　小和锦与大和锦非常类似，其厚实的叶片上，有漂亮的红褐色花纹。相比大和锦，株形尺寸更加迷你可爱。小和锦生长缓慢，在阳光充足的条件下，叶片会形成紧凑聚拢的形状，若光照不足，叶片会松散开来，叶片上的红色也会逐渐减退。

换盆、繁殖

　　大和锦每 2~3 年换盆一次。繁殖可采用扦插法，将截取的叶片晾置 1~2 天后平放在沙床上，保持沙土稍湿润，并放置于半阴处，大约 15 天后可出芽，当植株长到一定高度时可上盆定植。

小贴士 Tips

　　1. 充足的阳光更能体现出大和锦的色泽和形状，特别是大和锦的生长季节，接受充足的光照后能变得更加强壮。

　　2. 夏季高温天气，大和锦要停止施肥，并放置在通风良好、无直射阳光处养护。

玉吊钟

产地：马达加斯加　种植难度★★★☆☆

玉吊钟又名洋吊钟，为景天科伽蓝菜属多肉植物，生长期主要在春秋季，为夏型种。

玉吊钟为多年生肉质草本植物。肉质叶交互对生，叶片呈卵形至长圆形，叶缘有齿，叶片呈蓝绿色或灰绿色。叶片上具有不规则粉色、黄色、白色斑块。冬季开花，花钟形，橙红色或红色。

玉吊钟属于短日照植物，在冬季开花，日照时间若长至 12 小时，开花则推迟到早春。花败后，要进行换盆。换盆时，可对植株进行适当的修剪，控制株高，促使其多分株，这样能使株形更具有观赏性。一般采用扦插的方式繁殖，选用疏松肥沃、透气性较好的土壤盆栽。

1 光照

生长期可接受短日照，使其叶片色彩斑斓绚丽。盛夏需进行遮阴，避免强光直射。

2 温度

生长适温 16~19℃，不耐严寒、不耐霜冻，越冬温度不得低于 5℃。

3 施肥

一般春秋季可施一次薄肥，以磷钾肥为主，少施氮肥。

4 浇水

所需的水分不多，需视具体情况酌情浇水，夏冬季需控制浇水。

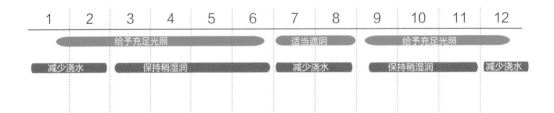

1	2	3	4	5	6	7	8	9	10	11	12

给予充足光照　　　　　　　　适当遮阴　　　　给予充足光照

减少浇水　　保持稍湿润　　减少浇水　　保持稍湿润　　减少浇水

萌肉形态

摆放帮帮忙

玉吊钟叶色艳丽，形态如花，株形美观，根须奇特，非常适合用来装饰窗台等处。

御所锦

产地：摩洛哥　种植难度★★★★☆

御所锦为景天科天锦章属，多年生肉质植物，原产于南非。株高5~10厘米，株幅12厘米左右。

御所锦为多年生肉质植物，也叫褐斑天锦章。叶互生，圆形或倒卵形，叶缘较薄。叶片表面绿色，有红褐色斑点，花期夏季。

御所锦喜欢温暖、干燥、阳光充足的环境，耐干旱，耐半阴，耐寒性不高，怕强光直射，盆土不要积水。种植御所锦适合选用肥沃、疏松、排水性好的沙质土壤。御所锦的繁殖可在春季进行播种，或夏季扦插。

1 光照

喜光照，盛夏高温期移至半阴位置。

2 温度

御所锦生长适温13~21℃，冬季温度应保持在5℃以上。

3 施肥

较喜肥，生长期每月施肥一次。

4 浇水

耐干旱，春季和秋季每月浇一次水，夏季控制浇水，选用喷雾器进行补水。

1	2	3	4	5	6	7	8	9	10	11	12

给予充足光照　　　　　半阴养护　　　　给予充足光照

减少浇水　　保持稍湿润　　　控制浇水　　保持稍湿润　　减少浇水

萌肉形态

摆放帮帮忙

御所锦植物形态独特，摆放在玄关、窗台等处，让人眼前一亮。

吉娃莲

产地：墨西哥　种植难度★★★☆☆

吉娃莲又名吉娃娃，为景天科拟石莲花属多肉植物，生长期在春秋季，为春秋型种。

形态特征

吉娃莲植株体形小巧，肉质叶紧密地排列成莲座状，叶片肥厚、卵形，先端急尖，叶色蓝色至绿色，日照充足的条件下叶尖会变为红色。吉娃莲能开出钟状红色的花朵。

光照、温度

夏季温度高于30℃时，要放置在通风明亮无直射光处。夏季结束后，要逐渐增加光照。生长适温16~19℃，越冬温度不得低于5℃。

浇水、施肥

夏季节制浇水，不能积水。较喜肥，生长期每月一次，休眠期尽量不要施肥。

**萌肉
形态**

摆放帮帮忙

　　吉娃莲叶尖的红色特别美丽,是一种观赏性很强的多肉植物,适合摆放在书桌、案头等处。

1	
2	3

1.光照不足时,吉娃莲叶片颜色为绿色。

2.吉娃莲开出美丽的红色钟形小花,让其观赏度更高。

3.吉娃莲的斑锦品种,叶片上有黄粉色,色彩比吉娃莲更加炫目。

养护要点

　　吉娃莲在春秋季生长,要给予充足的水分。度夏较为困难,夏季高温时,要节制浇水,浇水最好选择在晚上,以免阳光太烈灼伤叶片。冬季温度低于5℃时,也要节制浇水甚至断水,冬季最好能将吉娃莲放在室内养护。

换盆、繁殖

　　吉娃莲的繁殖以叶插为主,因生长缓慢,叶插是比较普遍的繁殖方法。

　　繁殖时,将健康、壮实的叶片取下,平放在土壤上,保持土壤微湿,很快就会生根出芽,但要长成独立的植株时间较长。

🔧 小贴士 Tips

　　吉娃莲养护时无需太多的水分,冬季也比较耐寒。虽然充足的日照能让吉娃莲呈现出好看的颜色,但在夏季要适当的遮阴并减少浇水。此外,吉娃莲生长速度较慢,不必经常施肥。

钱串

产地：墨西哥　种植难度★★★☆☆

钱串又名钱串景天、星乙女，为景天科青锁龙属多肉植物，生长期在春、秋、冬季，为冬型种。

形态特征

钱串为多年生肉质植物，叶交互对生，基部稍联合，卵圆状三角形，先端尖。叶色褐绿色，有相当明显的透明小点，叶缘呈红色。花呈雏菊状，花色黄色或橙色。

光照、温度

钱串喜欢阳光充足和通风良好的干燥环境，有一定的耐荫蔽性。生长适温为 15~24℃。夏季植株进入休眠期，将植株放置在通风处养护，无需遮阴。冬季入室防寒温度不低于 5℃ 即可安全越冬。

浇水、施肥

忌水湿，耐旱能力很强，植株生长过程中保持盆土处于偏干状态即可。雨季注意防涝，能够有效减少病虫害的滋生。较喜肥，生长期每月一次，休眠期尽量不要施肥。

1	
2	3

1.在光照充足时，叶缘会出现红色纹路。

2.养护得当的植株串与串之间相连紧密。

3.浇水不足或者光照不足，会让串与串间隙加大，且叶片柔软无力。

养护要点

钱串的病害主要有灰霉病，是由于植株生长环境通风不良、湿度过大造成的，可用甲基托布津进行喷洒防治，同时增加养护环境的通风。虫害主要是粉虱，可用氧化乐果进行喷杀，也可人工诱捕。

换盆、繁殖

当满盆时，要进行换盆，宜在春季或秋季进行，花盆要根据植株的大小进行选择。

钱串适合用叶插繁殖，剪取健壮、成熟的肉质叶，晾1~2天后，叶面朝上平放于沙土或蛭石上，保持湿润，20天左右有新根、新芽长出。

小贴士 Tips

1. 钱串因酷似一串串古代的钱币而得名，它的株形奇特，玲珑可爱，适合用小型工艺盆栽种，也可以搭配奇石，制成多肉植物小盆景。

2. 成年钱串要适当地修剪，减去过乱的枝条，保持株形美观。盆土宜选用腐叶土、园土、粗沙或蛭石混合配制。

熊童子

产地：纳米比亚　种植难度★★★☆☆

熊童子为景天科银波锦属多肉植物，生长期为春秋季，为春秋型种。

形态特征

熊童子为多年生肉质草本植物。植株多分枝，呈小灌木状，茎深褐色，肥厚的肉质叶交互对生，叶片卵形，密生细短白毛，叶缘顶部具缺刻。花期在夏末至秋季，筒状，红色。

光照、温度

熊童子喜光照，也耐半阴，生长期给予充分光照，盛夏高温下适当遮阴。适宜生长温度为19~24℃，5℃以上可安全越冬。

浇水、施肥

熊童子耐干旱，生长期保持盆土稍湿润。较喜肥，生长期每月施一次腐熟的稀薄液肥或复合肥。

**萌肉
形态**

摆放帮帮忙

　　熊童子叶片有绒毛，像熊的爪子，用来装饰书房或卧室，显得十分可爱有趣。

$$\frac{1}{2 \mid 3}$$

1.熊童子养护时间长后，基部会形成老桩，像一颗小树一样。

2.熊童子的斑锦品种，叶片上有黄色斑纹，称为熊童子黄斑锦。

3.熊童子的斑锦品种，叶片上有黄白斑纹，称为熊童子黄白斑锦。

养护要点

　　当熊童子长时间处于阴暗环境中时，其茎叶会徒长，绒毛失去光泽。当浇水控制不当时，叶片会皱缩，甚至脱落。

换盆、繁殖

　　熊童子要每 1~2 年换盆一次，宜在春季进行。盆土宜选用粗沙、园土、腐叶土各一份配制。

　　熊童子一般用扦插繁殖，在生长期内，剪取茎节做插穗，插穗长度在5~7厘米，以顶端茎节最好。将插穗插入沙床中，约半个月即可生根，一个月后即可盆栽种植。熊童子一般不用叶插繁殖，因为叶插虽然容易生根，但很难再长出其他芽叶，所以最好用茎节扦插。

🔧 小贴士 Tips

　　1.熊童子喜欢温暖干燥、通风良好的环境，怕寒冷，忌潮湿，栽培中要避免长期雨淋。

　　2.盆土要求中等肥力且排水性良好的沙质土壤。

　　3.熊童子易发生的病害主要有萎蔫病和叶斑病，可用克菌丹液喷洒。

清盛锦

产地：摩洛哥　种植难度★★★★☆

清盛锦又名艳日晖、灿烂等，为景天科莲花掌属多肉植物，生长期主要在春秋季，为夏型种。

形态特征

清盛锦是多年生常绿肉质植物，株高 10~15 厘米。叶片倒卵形，顶端尖，背面有龙骨凸出，边缘具细齿。新生叶片为淡黄色，中心为绿色；夏天，变为深绿色；日照充足的春秋季，边缘会呈红色或粉色。其叶片颜色会根据紫外线强度而变化，夏季往往每天都不一样。夏季开花，聚伞花序，为黄色。

光照、温度

清盛锦喜光，较不耐寒。除夏季需要适当遮阴外，其余季节都可接受全日照。

浇水、施肥

清盛锦较喜水，春秋生长期应充分浇水，保持盆土湿润，但忌积水；夏冬季要减少浇水量。生长期每月施一次稀薄液肥。

萌肉
形态

摆放帮帮忙

清盛锦常用小型工艺
盆栽种，装饰窗台、几架、
书桌等处，效果很好。

1
2 | 3

清盛锦可以说是多肉植物
中颜色变化最多的，有各
种不同的栽培品种，每种
清盛锦色彩斑斓，各种颜
色搭配出现在清盛锦的叶
片上，让它赏心悦目。

养护要点

清盛锦配土宜用泥炭土、蛭石、珍珠岩各一份。清盛
锦在闷热、潮湿环境下，很容易腐烂。

换盆、繁殖

清盛锦宜每 2~3 年换盆一次，换盆时间在初春或初秋
时进行为佳。

清盛锦的繁殖方法主要是扦插，扦插繁殖可以在春季
或秋季进行，插穗剪取健康、无病害的叶片即可，在扦插
前要让插穗晾晒一段时间，待伤口愈合后再插入沙床中，
放在半阴处养护，则很容易生根。

小贴士 Tips

清盛锦肥厚多汁，很容易因
感染细菌而引起腐烂，因此在养
护时，要注意通风，避免积水。
如染病，可以用多菌灵喷洒，每
月一次，最好集中药剂轮换使用，
以免植株产生抗药性。如发生腐
烂，要及时将植株清除，以免感
染其他健康植株。

生石花

产地：非洲　种植难度★★★☆☆

生石花为番杏科生石花属多肉植物，生长期为春夏秋三季，为冬型种。

形态特征

生石花常见于砾石、岩床缝隙中，不易被发现，有"生命的石头"之称。其叶柄直接连接到根上，非常耐旱。叶片肉质肥厚，多为两片对生成倒圆锥体。品种较多，色彩斑斓。秋季开花，有黄、白、粉等色，单生。

光照、温度

喜光照，夏季高温强光停止生长，需移至阴凉散光处生长。不耐寒，生长适温为 20~24℃。冬季温度需保持 8~10℃。

浇水、施肥

较喜肥，生长期每半月施肥一次，秋季开花后暂停施肥。耐干旱，忌湿。生长季多浇水，但不可过湿。其他季节保持盆土稍干燥即可。

萌肉形态

摆放帮帮忙

生石花在开花的季节异常美丽，适合摆放在家中最醒目的位置欣赏。

$$\frac{1}{2 \mid 3}$$

1.生石花也能开花，花序从中间抽出。

2.春季的 2~4 月是蜕皮期，需要停止施肥，控制浇水，使原来的老皮及早干枯。

3.生石花的表面有各种纹路，不同种的生石花纹路不同。

养护要点

秋季是其主要生长期，应保证充足的日照，利于植株开花和叶片花纹的显现。

换盆、繁殖

生石花属的植株繁殖主要靠播种繁殖。分株和扦插都需要一定的条件才能完成，所以最好的繁殖方式就是通过播种法繁殖。

生石花属植株很容易通过手工授粉，如果两个单独的品种在同一时间开花，其种子大约 9 个月后成熟。

在春季 4~5 月播种，因种子细小，一般采用室内盆播，播种后不必覆盖土壤，否则细小的种子将不能破土而出，导致不能发芽。盆土干时应采取浸盆法浇水，切勿直接浇水，以免将种子冲走。种子很容易发芽，但幼苗在头一两年较小并且非常脆弱，且两三年不会开花。

小贴士 Tips

1.市场上有很多生石花，有很多并不能叫出名字，但不影响我们去欣赏它萌态可掬的外形。

2.生石花属植株的生长是一个周而复始的循环过程。他们在春天开始蜕皮，在夏天缓慢生长，在秋天开花，在冬天休眠。

四海波

产地：南非　种植难度★★★★☆

四海波为番杏科肉黄菊属多肉植物，生长期为秋冬季，为冬型种。

形态特征

四海波为多肉草本植物。植株高度9厘米。叶片灰绿色，肉质，叶面扁平，背面稍凸起。叶片边缘有5对稍微后弯的肉齿。秋季开花，黄色居多。

光照、温度

四海波喜温暖和光照充足的环境，生长适温为18~28℃，生长期给予充足的光照，夏季适当遮阴。

浇水、施肥

四海波喜干燥，忌水湿，浇水过多或淋雨易造成植株腐烂。较喜肥，生长期每月施一次肥。夏季不施肥。

摆放帮帮忙

　　四海波株形奇特，观花观叶均可，用来点缀窗台、卧室、阳台等处，效果不错。

$$\frac{1}{2 \mid 3}$$

1. 四海波叶片上的肉齿。

2. 四海波花蕾还没有绽放前是一个白色小球。

3. 四海波的迷你品种，称为姬四海波。

养护要点

　　冬季养护时需要将其放置于阳光充足的地方，温度应不低于 7℃，并保持土壤稍干燥。如果此时温度能保持在 10℃以上，可以适量浇水。养护的土壤要求疏松、排水性优良的沙质壤土，且富含石灰质。

换盆、繁殖

　　每年春季换盆，植株繁殖以分株为主，在春秋季进行，将爆盆的植株轻轻取出，梳理根系，分出小丛重新上盆栽种即可。

小贴士 Tips

　　如果想要养护好四海波，建议种植时选用泥炭、蛭石和珍珠岩的混合土。在植物生长期时不宜浇水太多，以免积水烂根。还要掌握好夏季休眠期的控水、通风、遮阴、施肥等工作，即可培育成功。

九轮塔

产地：南非　种植难度★★★☆☆

九轮塔为百合科十二卷属多肉植物，又叫霜百合，是一种原产于南非的圆柱状多肉，多年生常绿草本植物。

形态特征

九轮塔植株圆柱状，茎轴极短，具有葡匐茎，叶片肥厚，呈螺旋状排列，先端急尖，叶背面有白色斑点。叶色平时为绿色，阳光下会慢慢变成紫红色。总状花序，花期春季。

光照、温度

九轮塔喜阳光，不耐阴，应将植物置于光线明亮处养护。九轮塔虽然原产自非洲，但不耐高温，也不耐寒，冬季温度不宜低于5℃。

浇水、施肥

耐干旱，盆土保持稍湿润的状态，不干不浇。较喜肥，生长旺盛期每月施一次肥，每年追肥2~3次。

萌肉形态

摆放帮帮忙

九轮塔在家庭居室内陈设，可以用来装饰案头、阳台等处。

1	
2	3

1.九轮塔在充足的光照下会变成红色，绚丽多姿。

2.九轮塔叶片向内聚拢。

3.九轮塔的斑锦品种，叶色上出现黄色斑纹。

养护要点

九轮塔耐旱也耐半阴，但不耐高温酷热。夏季高温时需要适当遮阳，减少浇水量和次数，保持土壤稍干燥，如果空气足够干燥，也可用喷水壶喷水。

九轮塔不耐寒冷、霜冻，越冬温度不低于5℃。冬季也需要控制浇水，最好停水，同时停止施肥。

换盆、繁殖

每年翻盆一次，翻盆时摘除腐烂或枯死的根系。九轮塔的繁殖适合用扦插，当九轮塔长出叶腋或小侧枝时，就可以采叶腋或茎轴基部长出的小侧枝扦插。

扦插最好选择在春末夏初时进行，一般10天可生根。

🔧 小贴士 Tips

九轮塔叶片颜色素净淡雅，相对于同属品种对光线要求不高，非常适合在家庭中摆放。栽种时建议选用腐叶土加少许烃石，或者直接使用疏松的园土。种植时注意光线要柔弱，不宜强光。

康平寿

产地：南非　种植难度★★★☆☆

康平寿为百合科十二卷属多肉植物，生长期为春秋季，为春秋型种。

形态特征

康平寿为无茎矮生多肉植物。植株高度 5~7 厘米，褐绿色，呈莲座状单生。叶片肥厚光滑，无毛有光泽，呈卵圆三角形。叶面有白色斑点，叶顶端三角部正面有浅色方格斑纹，叶背凸起有浅绿圆斑，叶片边缘有细齿。

光照、温度

喜日照，春秋适宜半阴条件，冬季需要充足柔和的阳光。生长适温为 16~18℃，冬季温度维持在 5℃以上。

浇水、施肥

耐干旱，生长期间注意保持盆中土壤湿润，冬天则减少浇水量和浇水频率以保持土壤较干燥。较喜肥，生长旺盛期每月施一次肥。

摆放帮帮忙

　　康平寿很适合用来点缀家居，也可以和其他植物摆放在一起，增加家居的自然气息。

$$\frac{1}{2 \mid 3}$$

1. 康平寿的相似品种，叶色为白中带暗红条纹。

2. 生长到一定程度，康平寿会缀化。

3. 康平寿有时也能看到"窗"。

养护要点

　　康平寿色彩和花纹较为奇特，是十二卷属中的珍稀品种。在种植时，夏季注意搬至半阴处继续生长。如果植株出现叶色发红、生长缓慢现象，说明光线过强应注意避光。

换盆、繁殖

　　适合叶插繁殖，消毒后的刀片截取生长健壮、充实的叶片，阴干 2~3 天，待伤口干燥后，扦插在湿润的粗沙或蛭石中，定植后浇水少量，避免叶片腐烂，约 2~3 个月会发根。

　　依康平寿品种的不同，有的会先发根，有的会先长出新芽。而新芽依不同品种的生长习性，生长速度也不相同，待其长成幼苗，即可移入新的盆土中。

小贴士 Tips

　　1. 与康平寿相似的有很多，如银带桥、龙鳞、毛蟹、青鸟寿等，他们都属于多肉寿衍生出来的品种。

　　2. 康平寿会在夏季开花，白绿色，呈管状。

Paris, le

03

最萌宠造型的多肉

本章所列出的都是极具人气的
多肉植物品种，它们造型独
特，萌态百出，相信你见到它
们一定会喜欢。

五十铃玉

产地：纳米比亚　种植难度★★★☆☆

五十铃玉为番杏科棒叶花属多肉植物，无明显休眠期，为春秋型种。

形态特征

五十铃玉为多年生肉质植物。植株高度 5 厘米，叶片长 3 厘米，淡绿色，肉质，叶对生。叶片顶端透明，根部稍暗红色，整体呈细棍棒状。夏末至秋季开花，金黄色。

光照、温度

五十铃玉喜阳光充足的环境，怕强光暴晒，不耐高温，生长适温为 15~30℃，冬季不宜低于 5℃。

浇水、施肥

五十铃玉耐干旱，忌湿。生长期适量浇水，保持盆土稍湿润；冬季时注意控制浇水，保持盆土稍干燥。较喜肥，生长期每月施一次肥，每年施肥五六次即可。

**萌肉
形态**

摆放帮帮忙

五十铃玉小巧玲珑、株形可爱，可放置于床头、窗台、茶几等处进行观赏。

$$\frac{1}{2 \mid 3}$$

1. 五十铃玉开出黄色小花。

2. 五十铃玉栽培品种，粉色五十铃玉，其叶片上带有粉色。

3. 品种不同，五十铃玉开有不同的花色。

养护要点

夏季高温时要注意遮阴，不要直接暴晒。同时因为温度高，植株处于半休眠状态，所以要节制浇水。

浇水不要从上面往下浇，可以采用叶面喷水（只能一带而过），持续闷热时尽量用浸盆法浇水。

换盆、繁殖

爆盆的五十铃玉要换盆，最好在春秋季节换盆。繁殖主要用播种法，也可以用分株法。

✏ 小贴士 Tips

五十铃玉的种植花盆建议选用泥盆或陶瓷盆。种植时的栽培土壤建议选择便宜的介质。然后将肉植物专用腐蚀土、粗砂、兰石、陶土颗粒、珍珠岩按照4:2:2:1:1的比例混合使用，可以少量加入赤玉土使用（可以不加）。

小球玫瑰

产地：墨西哥　种植难度★★★☆☆

小球玫瑰为景天科景天属多肉植物，生长期主要在春秋季，为冬型种。

形态特征

小球玫瑰个头很小，茎细长，但根系非常强大，很容易长出新枝，形成群生，因此常呈匍匐状。对生或互生的叶片很艳丽，叶缘波浪状常红，叶片颜色随气温不同呈绿色至红色，秋冬季节，整株呈现出紫红色。

光照、温度

小球玫瑰需要给予充足的光照，但夏季仍需稍遮阴。生长最佳温度为 18~25℃，冬季温度应保持在 5℃以上。

浇水、施肥

耐干旱，生长期保持盆土稍湿润，夏季和冬季不要过多浇水，保持盆土稍干燥。全年施肥2~3 次，可以用稀释饼肥水。

萌肉形态

摆放帮帮忙

小球玫瑰有着精致纤巧的外形，并具有很强的繁殖能力，适宜作为护盆草或草坪草。

1	
2	3

1. 幼年的小球玫瑰大多为绿色。

2. 在充足光照条件下养护一段时间后，小球玫瑰会变成大红色。

3. 小球玫瑰也需要修剪，否则很容易长得杂乱无章。

养护要点

初春和深秋为小球玫瑰生长季节，保持充足阳光即可。夏季尽量遮阴降温，给极微量的水，甚至断水，若给水应在傍晚时分。冬季尽量保持在零度以上。

换盆、繁殖

选用枝插繁殖。小球玫瑰随着生长，其基部叶片会脱落，从而使茎干变长，可对此类枝条进行修剪，促进其再度分枝生长。剪下的枝条可用来枝插，非常易成活。

枝插繁殖可选择在春季或秋季，寒冬酷暑不适合小球玫瑰繁殖。

小贴士 Tips

小球玫瑰也被称为"龙血景天"，属于"冬种型"多肉，是一种非常可爱的景天属植物。它的四季浇水量要少，浇水的频率要低，保持土壤微湿润即可，不能浇透，否则易引起烂根。夏季半休眠状态时需保持盆土稍干燥。

筒叶花月

产地：南非　种植难度★★★☆☆

筒叶花月为景天科青锁龙属多肉植物，生长期在春秋季，为春秋型种。

形态特征

植株呈多分枝状，茎圆柱形，表皮黄褐色或深绿色。肉质叶筒状，互生，在枝顶密集成簇状生长。叶顶端呈斜的截面，截面大都呈椭圆形，略向内凹。

光照、温度

筒叶花月喜光，除盛夏高温期外都要接受充足光照。生长适温 18~25℃，不耐寒，冬季温度不低于 5℃。

浇水、施肥

耐干旱，生长旺盛期间保持土壤湿润，夏季适当喷雾降温，冬季减少浇水。较喜肥，生长旺盛期每月施一次肥。

萌肉形态

$$\frac{1}{2\ |\ 3}$$

1. 筒叶花月在后期会形成老桩，像一棵小树一样。

2. 在充足光照条件下养护一段时间后，筒叶花月的叶缘会有红色纹路出现。

3. 缺水条件下，筒叶花月叶片会干枯。

养护要点

　　筒叶花月喜欢温暖干燥和阳光充足的环境，也耐半阴，耐干旱，不耐寒。盆土宜选择疏松透气的轻质酸性土，如腐叶土、草炭土等。

换盆、繁殖

　　筒叶花月最好每 1~2 年换盆一次。筒叶花月的繁殖一般采用砍头法，全年都可以进行，此外还可以用扦插法或压条法。

　　扦插可以选择叶插或茎插，叶插不常采用。茎插时可剪取一段健壮的肉质茎，插入沸水消毒过的粗沙或素土中。

小贴士 Tips

　　筒叶花月因其界面似马蹄，又被称为"马蹄脚"，经日晒后叶片泛红也称"马蹄红"，还有个名字"吸财树"。中国人好以谐音图吉利，因此筒叶花月特别适合摆放在客厅或者办公区域，或者在公司办公桌上放一盆，既点缀风景，也为自己讨个吉利。

黑法师

产地：摩洛哥　种植难度★★★☆☆

黑法师为景天科莲花掌属多肉植物，生长期为春秋季，为春秋型种。

形态特征

黑法师的植株呈灌木状，可高达 1~2 米。茎圆筒形，浅褐色，肉质，多分枝。叶倒长卵形，较薄，黑紫色，冬季为绿紫色。叶边缘有细齿，密集排列呈莲座状。圆锥花序顶生，黄色，开花后头会枯死，整株不会死。

光照、温度

黑法师喜温暖干燥和阳光充足的环境，耐干旱，不耐寒。日照不足时，茎干会徒长，叶片会变绿色。夏季和冬季为休眠期，需要悉心养护。

浇水、施肥

耐干旱，生长期保持盆土稍湿润，夏季和冬季不要过多浇水，保持盆土稍干燥。喜肥，生长期间每月施肥一次。

萌肉
形态

摆放帮帮忙

　　黑法师其形似盛开的莲花，观赏价值极高，适宜盆栽，摆放在阳台、花架等处。

1	
2	3

1. 真黑法师是黑法师的一种，颜色比黑法师更黑。

2. 黑法师缀化，形成一道独特的风景。

3. 黑法师开花，花色为黄色，一般开花后植株就会死去，因为开花会消耗植株过多的养分。

养护要点

　　夏季高温时黑法师进入休眠期，休眠时间不长。此时植株可放在通风良好处养护，避免长期雨淋，并适当遮阴，减少浇水，停止施肥。

换盆、繁殖

　　黑法师最好在每年春季进行换盆处理。

　　黑法师的繁殖可在生长期间剪取健壮、充实的肉质茎，在蛭石或沙土中进行扦插种植。黑法师还可以用砍头的方式繁殖，即在早春时，将整个莲座盘砍下扦插繁殖，剩下的母株茎干上会重新群生出新芽。黑法师的叶插成活率低，所以不建议叶插繁殖。

🔧 **小贴士 Tips**

1. 黑法师有一个生长特性，就是枝干会越来越高，越来越长，最终形成老桩。

2. 砍头的繁殖方法能让单头的黑法师长出多头来。

3. 黑法师还会缀化，尤其是其茎干会逐渐扁平，形似扇子，观赏度也很高。

特玉莲

产地：墨西哥　种植难度★★☆☆☆

特玉莲为景天科石莲花属多肉植物，生长期主要在春秋季，为夏型种。

形态特征

特玉莲为鲁氏石莲花的栽培品种。叶片匙形，排列成莲座状，叶缘向下反卷，先端有小尖，叶色蓝绿或灰绿，表面有白粉，在光照充足的环境下呈现出淡淡的粉红色。总状花序，小花黄色，花期春季至夏季。

光照、温度

特玉莲喜温暖、干燥和通风的环境，喜光照，光照越充足、昼夜温差越大，叶片色彩越鲜艳。生长适温 16~19℃，越冬温度不得低于 5℃。

浇水、施肥

耐干旱，忌水湿，浇水过多易导致植物腐烂，最好选用底部带排水孔的盆器。较喜肥，生长期每月施肥一次。

萌肉形态

$$\frac{1}{2 \mid 3}$$

1.养护得当的特玉莲叶片上会出现白粉，显得清白可爱。

2.特玉莲容易缀化，一般在老株中容易发生。

3.特玉莲开花，其花色除了黄色还有玫红色，形似铃兰。

养护要点

特玉莲需要修剪，平时及时将干枯的老叶摘除，以免堆积导致细菌滋生。植株过长、过高或者徒长时，可以进行塑形，维持植株的美观。

换盆、繁殖

繁殖方式包括扦插、分株，扦插分叶插繁殖和插穗繁殖。

叶插繁殖是将完整的成熟叶片放在平铺的沙床上，沙床要微湿润，叶面朝上、叶背朝下。

插穗繁殖指的是剪取茎干或顶枝，待伤口干燥后，去掉下部叶片，插入沙床中的繁殖方法。该繁殖方法生根快、成活率高。

子持年华

产地：日本　种植难度★★★☆☆

子持年华为景天科瓦松属多肉植物，生长期在夏季，为夏型种。

子持年华为日本的特有品种，"子持"就是手牵着小孩的意思，"年华"就是指莲花。植株群生，有匍匐茎，株高5厘米左右，多分枝，叶片圆形或卵圆形，先端尖，排列成莲座状，叶色灰蓝绿，披白粉，总状花序，花白色，花期夏秋。

子持年华春季萌发，夏季、秋季快速生长，冬季休眠，开花后母株死亡。植株习性强健，喜光照，配土要求透气、排水性良好，在养护过程中要注意根粉蚧的防治。

1 光照

喜阳光充足的环境，夏季无需遮阴。可完全置于阳光下暴晒。

2 温度

喜温暖，生长适温为18~25℃。不耐寒，冬季温度不宜低于5℃。

3 施肥

较喜肥，生长期每一个月施一次肥。

4 浇水

耐干旱，喜干燥的环境。春秋季可以充分浇水，冬季保持干燥。

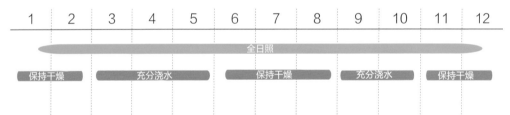

| 1 | 2 | 3 | 4 | 5 | 6 | 7 | 8 | 9 | 10 | 11 | 12 |

全日照

保持干燥　　充分浇水　　保持干燥　　充分浇水　　保持干燥

萌肉形态

摆放帮帮忙

子持年华叶形独特美观，观赏价值很高，适合摆放在窗台、案头等处进行点缀。

珍珠吊兰

产地：纳米比亚　种植难度★★☆☆☆

珍珠吊兰为菊科千里光属多肉植物，生长期为春秋季，为春秋型种。

珍珠吊兰又名绿之铃、翡翠珠，因其由一串串鼓鼓的翠绿色椭圆形小叶子组成而得名。其圆润、肥厚的叶片如吊兰般垂下，极具观赏价值。

珍珠吊兰喜欢半阴的环境，暴晒会灼伤植株，光线太弱又影响生长。浇水时宁干勿湿，天气干燥时多向叶面喷水，忌高温高湿。珍珠吊兰主要的病虫害有蜗牛、蚜虫、吹绵蚧和煤烟病、茎腐病等。

1 光照
喜半阴，强散射光的环境下生长最佳。

2 温度
生长适温15~25℃，越冬温度保持在5℃以上。

3 施肥
较喜肥，生长期每月施一次肥。

4 浇水
春秋生长期每周浇水一次，夏季控制浇水，冬季减少浇水。

1	2	3	4	5	6	7	8	9	10	11	12

置于半阴处或强散射光下

少浇水　　每周浇水一次　　控制浇水　　每周浇水一次　　少浇水

萌肉形态

摆放帮帮忙

珍珠吊兰适合垂挂在花房、阳台或卧室的墙角等处观赏，效果清新怡人。

月兔耳

产地：马达加斯加 种植难度★★☆☆☆

月兔耳为景天科伽蓝菜属多肉植物，生长期在9月
至翌年6月，为夏型种。

形态特征

月兔耳是多年生肉质草本植物，植株可高达1米，多分枝。叶片对生，卵圆形，灰色，披密
集绒毛，似兔耳。叶缘具齿，有褐色斑纹。春季开花，花四瓣，钟形，橙红或白粉色。

光照、温度

月兔耳喜光和温暖干燥的环境，耐旱，不耐寒。可接受全日照，利于植株密集生长。盛夏避
免强光暴晒，放置凉爽通风处养护。

浇水、施肥

生长期浇水以盆土稍湿润为佳，忌水湿，易烂根。浇水时注意沿盆边浇，不要溅到叶片上。
夏冬季需减少浇水或断水。

萌肉
形态

摆放帮帮忙

月兔耳叶形可爱，具有较高的观赏价值，适宜摆放于书桌、客厅等地。

$$\frac{1}{2\,\mid\,3}$$

1. 月兔耳的相似品种京兔耳，其中间叶片黑色更深。

2. 京兔耳与月兔耳生长习性类似，但其叶片更宽。

3. 福兔耳的叶片被白毛覆盖，叶片更加窄小。

养护要点

夏季高温休眠期减少浇水，防止因盆土过度潮湿引起根部腐烂。生长期正常给水。

换盆、繁殖

月兔耳生长速度较快，需 1~2 年换盆一次，宜在春季进行。

繁殖可以扦插繁殖。扦插繁殖很简单，把健康的老枝条剪下，伤口晾干后，直接扦插在微湿润的沙土即可。保持阴凉通风半个月以上基本会生根。

扦插应该选择春季和秋季，夏季扦插极易腐烂，如果是夏季繁殖至少要阴干切口 2~3 天。

🛁 小贴士 Tips

1. 选择透水透气性较好的土壤盆栽。适合选用煤渣、泥炭土、珍珠岩按 6:3:1 的比例混合配制。

2. 月兔耳不仅造型似兔耳惹人爱，更有吸收辐射、甲醛等有害物质，净化空气的作用。

山地玫瑰

产地：加纳利群岛 种植难度★★★☆☆

山地玫瑰为景天科莲花掌属多肉植物，生长期主要在春秋季，为夏型种。

形态特征

山地玫瑰宛若玫瑰花苞的株形，只在夏季休眠期出现，正常情况下的山地玫瑰与普通石莲花属的植物近似。肉质的叶片呈莲座状生长，根据品种的不同，株形大小也有明显区别。叶色一般为灰绿色或蓝绿色，叶片如果长时间暴晒，会产生红褐色斑纹。

光照、温度

喜欢凉爽、干燥的环境和充足的光照，光照不足会造成植株徒长。冬季注意移居室内进行培养，保持植株通风良好。

浇水、施肥

生长期内保持盆土稍微湿润，无明显施肥要求。

萌肉形态

摆放帮帮忙

　　山地玫瑰常用小型工艺盆栽种，装饰窗台、几架、书桌等处，效果很好。

	1
2	3

1. 光照太弱或者浇水不足时，叶片会变得松散。

2. 山地玫瑰的叶背有白粉。

3. 山地玫瑰能开黄色小花。

养护要点

　　山地玫瑰在夏季七八月进入休眠期，外部叶片枯萎使植株呈玫瑰状。

　　山地玫瑰休眠期为躲避强光，外围叶子老化枯萎，而中心部分的叶片包裹在一起，株形酷似苞欲放的玫瑰花。

换盆、繁殖

　　山地玫瑰当植株爆盆时就要换盆，一般 1~2 年换盆一次即可。

　　爆盆的山地玫瑰可以用来分株繁殖，将植株从旧盆中取出，梳理根系，分出小丛即可重新上盆栽种。

🌱 小贴士 Tips

　　1. 山地玫瑰夏日状似玫瑰，观赏性极强。室内正常摆放即可，无明显要求，春秋季节要注意移至室外接受充分光照。

　　2. 夏季基本没有必要断水，顶多略微控控水。

快刀乱麻

产地：南非　种植难度 ★ ★ ☆ ☆ ☆

快刀乱麻为番杏科快刀乱麻属多肉植物，生长期为春秋季，为春秋型种。

形态特征

快刀乱麻是番杏科快刀乱麻属灌木状植物，植株高 20~30 厘米，多分枝，叶片对生，外形好像一把刀，叶色淡绿至灰绿色，花黄色。

光照、温度

快刀乱麻喜欢温暖干燥的环境，不耐寒，生长适温为 18~25℃，冬季不宜低于 5℃。快刀乱麻喜光照，夏季适当遮阴，避免烈日暴晒。

浇水、施肥

耐干旱。生长期多浇水，保持盆土稍湿润；夏季控制浇水。较喜肥，生长季节每月施稀释氮素肥一次。

萌肉形态

摆放帮帮忙

快刀乱麻株形奇特，用来点缀窗台等处，别有一番情趣。

$\dfrac{1}{2}$

1.快刀乱麻能开黄色小花，花序较短，开花后要及时补充养分。

2.快刀乱麻的相似品种——大花快刀，其叶片没有凹角，更像一把锋利的剑。

养护要点

快刀乱麻在春秋季节可大量浇水，如果此时缺水，植株叶片会出现皱褶现象，影响观赏。其生长速度较快，叶片占据空间大，易挡住其他多肉植物生长，所以不适宜盆栽时进行组合栽种。单独栽培依旧具有美观性。

换盆、繁殖

快刀乱麻适合用枝插繁殖。在生长季节剪取带叶的枝条进行扦插，枝条需要晾干 1~2 天，否则容易腐烂。扦插后不可浇水过多，保持稍有潮气即可。

🌱 小贴士 Tips

1.快刀乱麻属中还有大花快刀品种，其与快刀乱麻相似，但叶端无开裂。

2.盆土适合采用排水、透气性良好的沙质土壤并掺入适量的石灰质。

红彩云阁

产地：非洲　种植难度★★★☆☆

红彩云阁为大戟科大戟属多肉植物，生长期为春夏秋三季，为冬型种。

红彩云阁为灌木状肉质植物。植株高度一米，深绿色。茎部柱状，直立三角形，肉质，多分枝多棱，棱边缘呈波浪起伏状。表皮上分布黄色横向脉纹，对生红褐色硬刺，叶片紫红色，呈卵圆形。夏季开花，黄绿色，呈杯状。

红彩云阁来自炎热的非洲南部纳米比亚地区，适应炎热干燥的环境。所以在种植红彩云阁时，要保证有干燥的环境和充足的光照条件。生长期可以放在南阳台或庭院中阳光充足处养护，充分浇水，冬季移到室内养护，要保持盆土干燥，室内5℃以上可安全越冬。

1 光照

喜光照，夏季高温期避强光。

2 温度

生长适温为18~25℃，冬季维持5℃以上。

3 施肥

较喜肥，生长期每半月左右施一次腐熟的稀薄液肥。

4 浇水

耐干旱，不耐湿。生长旺盛期多浇水，保持盆土湿润度。冬季控制浇水，保持盆土不积水，稍干燥。

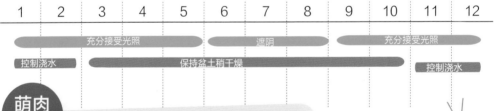

| 1 | 2 | 3 | 4 | 5 | 6 | 7 | 8 | 9 | 10 | 11 | 12 |

充分接受光照　　遮阴　　充分接受光照

控制浇水　　保持盆土稍干燥　　控制浇水

萌肉形态

摆放帮帮忙

红彩云阁株形奇特，可以作为家居装饰物，摆放在家居的高层供人欣赏。

千佛手

产地：墨西哥　种植难度★★☆☆☆

千佛手又名菊丸，为景天科景天属多肉植物，无明显休眠期，为冬型种。

千佛手株形较矮小，无明显的休眠期。叶片肥厚，嫩绿色，似手指。春夏季开花，初期花苞被叶片包裹，叶子张开后才露出黄色花苞，聚伞花序顶生，具有较高的观赏性。

千佛手的种子繁殖可在生长季播种，播种温度一般掌握在 18~23℃，播种用土可用泥炭 + 蛭石 + 珍珠岩各一份，用杀虫杀菌水浸透后，将种子平播在土面上，覆膜，一般一周左右出芽，出芽整齐后去掉薄膜，增加光照。

1 光照

千佛手喜阳光充足和干燥的环境，非常耐干旱。可接受全日照，夏季需要适当遮阴。

2 温度

生长适温为 18~25℃，冬季维持5℃以上。

3 施肥

生长期每个月施一次薄肥即可，夏季和冬季停止施肥。

4 浇水

少量浇水，千佛手对水分要求较少。

1	2	3	4	5	6	7	8	9	10	11	12

充分接受光照　　遮阴　　充分接受光照

控制浇水　　保持盆土稍干燥　　控制浇水

萌肉形态

摆放帮帮忙

千佛手造型独特，适宜摆放于书桌、案头、办公室等地养护。

静夜

产地：墨西哥　种植难度★★★☆☆

静夜又名德式石莲花，为景天科石莲花属多肉植物，生长期为春秋季，为春秋型种。

形态特征

静夜植株娇小，高 10~15 厘米，易群生。叶片倒卵形或楔形，顶端具尖头，呈莲座状。叶为淡绿色，披白粉，日照充足下，叶尖和叶缘会变为红色。冬末至夏初开花，花钟形，黄色。

光照、温度

静夜喜干燥凉爽、光照充足的环境，耐干旱，忌积水。春秋为生长期，需有充足的阳光，可使株形紧凑，色泽鲜艳。

浇水、施肥

春季为生长期，浇水见干见湿。生长期每月施一次薄肥即可，夏季和冬季无需施肥。

萌肉形态

摆放帮帮忙

适宜摆放于通风和光照充足的阳台、书桌等地。

$$\frac{1}{2 \mid 3}$$

1.群生的静夜清脆典雅，小巧可爱，摆放在窗台、书桌等处，观赏效果极佳。

2.养护不当容易导致株形散乱。

3.光照不足时，静夜叶色黯淡无光。

养护要点

当空气干燥时可在地面洒水，但叶面、叶丛不宜积水；夏季控制浇水；秋季也是静夜的生长期，浇水见干见湿即可；冬季温度低于5℃时，控制浇水甚至停水。

换盆、繁殖

静夜每 1~2 年需要换盆，可在春秋季进行，选择疏松透气的土壤。

静夜的繁殖用叶插和枝插都可以，叶插较容易成活，但叶插生长出来的苗需要养护的时间较长，很容易在这期间死掉。

枝插是将成年的静夜直接连同花枝一起剪下，插入沙床中的繁殖方法。

小贴士 Tips

1.浇水适量，不宜过多，注意不要将水溅到叶片上。

2.静夜自身生长较慢，却很容易群生。

3.栽培基质宜用排水、透气性良好的沙质土壤。

雷神

产地：南非　种植难度★★☆☆☆

雷神为龙舌兰科龙舌兰属多肉植物，生长期为春秋季，为春秋型种。

形态特征

雷神为多年生肉质植物。植株高度 20 厘米，呈莲座状簇生。叶片长 25 厘米，青绿色披白粉。叶片根部狭窄肥厚，先端尖锐，且长有锈红色尖刺。叶片边缘分布多对波浪状短刺，整体呈倒卵状。夏季开花，黄绿色，呈漏斗状。

光照、温度

喜光照，不耐荫蔽，夏季高温注意通风。喜温暖，生长最适宜温度为 18~25℃。

浇水、施肥

耐干旱。生长季多浇水，保持盆土干燥；夏季增加浇水；秋季、冬季控制浇水。较喜肥，生长期每月追施一次氮磷钾结合的肥料。冬季勿施肥。

萌肉形态

摆放帮帮忙

雷神株形较大，适合单盆养护，摆放在家中阳光充足的地方即可。

	1	
2		3

1. 中斑雷神属于雷神的斑锦品种，其叶片中间有白色纹路。

2. 王妃雷神属于雷神的一种，比雷神小巧精致，更得多肉爱好者喜爱。

3. 雷神花序很高，花色为黄绿色。

养护要点

雷神养护生长期要适量浇水，浇水应掌握"不干不浇，浇则浇透"的原则，不可经常浇水。如果盆土过湿，会导致植物叶片发黄、根系腐烂，影响植物生长成活。也不宜过于干旱，否则植株生长缓慢，甚至停止，叶片也会变得黯淡而缺少光泽，从而影响植物欣赏价值。

换盆、繁殖

雷神繁殖多以分株为主，在其生长季节进行，也可以结合换盆进行。如能采收到种子，也可以播种繁殖。

分株繁殖一般在开花结果后，其植株基部会生出子株，结合换盆将子株挖出另栽即可。

播种繁殖一般在 3~4 月进行，种子发芽适温在 21~24℃，一般半个月至一个月即可发芽。

🔨 小贴士 Tips

一般家庭装饰都会选择王妃雷神，因为它要比雷神小巧精致。它要摆放在有光照的地方，长时间无光照时叶片尖端及叶片边缘的硬刺会由鲜艳的红褐色变得暗淡无光；叶面逐渐褶皱，影响观赏价值。

04

带多肉回家的必备技巧

本章介绍多肉植物日常养护的
知识，学会了这些技巧，你才
能将自己喜欢的多肉带回家，
保证它们健康地成长。

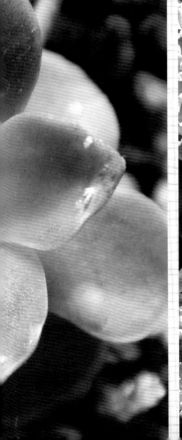

如何养好自己的宝贝

有了小工具和盆土，就有了养好多肉植物的物质条件，但还得有一定的养护经验，比如浇水、施肥、光照、温度等，才能得心应手。

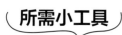 所需小工具

铲子

用来移苗、铲土等

喷雾器

浇水、喷雾都可以

手套

种植有刺的多肉时用

剪刀

繁殖、修剪都能用到

填土器

用来搬运泥土

毛刷

用来清洁植物叶片

镊子

用来种植小的多肉植物

最贵非最好：选择最合适的花盆

　　多肉植物的选盆环节，一般会被人们所忽视。其实选盆环节和选土环节一样重要。现在不仅有常见的一般性花盆，还有一种盆壁是复层的花盆，在复层中间装一些棉线之类的东西，一个月只需要浇一次透水即可，适合经常出差的人或者懒人使用。

　　一般性的花盆有瓦盆、瓷盆、紫砂盆、塑料盆、木盆等材质，特点也不尽相同。

瓦盆

优点：透气性好，价格便宜。

缺点：花盆边沿的土壤容易干，在烈日暴晒下，会伤害盆边沿的根系。

瓷盆

优点：漂亮，适合观赏，可以随意摆放。

缺点：几乎不透气，不推荐使用。

塑盆

优点：价格便宜，便于购买。

缺点：不透气，渗水性差。

木盆

优点：保湿性好，透气性适中。

缺点：容易霉变。

紫砂盆

优点：观赏性强，透气性适中。

缺点：较吸热，盆土易干燥。

常用的土壤

珍珠岩

天然的铝硅化合物，由粉碎的岩浆岩加热至 1000℃以上时，所形成的膨胀材料。

有封闭性的多孔性结构，材料较轻，通气性良好。质地比较均匀，不会被分解。

保湿性差，保肥性差，容易漂浮在水上。

腐叶土

由枯叶、落叶、枯枝及腐烂根组成。

具有丰富的腐殖质和很好的物理性能，有助于保肥、排水，使土壤疏松，偏于酸性。

落叶阔叶树林下的腐叶土最佳，针叶树和常绿树下的叶片腐熟而成的腐叶土也是比较好的土壤。

蛭石

由硅酸盐材料经过 800~1000℃的高温加热而成的云母状物质。

通气性强、孔隙较大，持水能力强。

不适合长期使用，会导致过于密集，影响通气和排水效果。

园土

经过改良、施肥以及精耕细作后的菜园、花园土壤。这种肥沃土壤已经去除杂草根、碎石子、虫卵，并且已经经过打碎、过筛，呈微酸性。

赤玉土

　　由火山灰堆积而成，是运用最广泛的一种土壤介质。其形状有利于蓄水和排水，中颗粒适用于各种植物盆栽，可谓"万能用土"，尤其对仙人掌等多肉植物栽培有特效。

鹿沼土

　　一种罕见的物质，产于火山区，呈酸性，有很高的通透性、蓄水力和通气性，透气、忌湿、耐贫瘠的植物尤其需要。鹿沼土可单独使用，也可与泥炭、腐叶土等其他介质混用。

泥炭土

　　处在湖沼泽地带的植物，埋在地下后，在被水覆盖、缺少空气的条件下，经过久远的历练，分解成不完全的特殊有机物。

　　泥炭土呈酸性或微酸性，有很好的吸水能力，有很丰富的有机质，很难分解。

沙

　　主要是直径在 2~3 毫米的沙粒，呈中性。沙质土壤不含任何的营养物质，具有很好的保湿性和透气性。

培养土

由一层青草、枯叶、打碎的树枝以及一层普通园土堆积起来，再往内浇入腐熟饼肥或者鸡粪、猪粪，再发酵、腐熟之后，经过打碎过筛而成。

持水、排水能力强，一般理化性能很好。

苔藓

是白色、粗长、耐拉力强的植物性材料，优点在于有很好的疏松、透气和保湿性能。

常用的配土方法

多肉植物适用的配土，要求疏松透气，排水性能好，还要含有适量的腐殖质。一般以中性的土壤为上佳。

少数品种，如虎尾兰属，亚龙木属，十二卷属需要微碱性土壤。番杏科的天女属适合碱性土壤。

一般的多肉植物：园土、珍珠岩、粗沙、泥炭土各一份，再加入砻糠灰半份。

茎干状多肉植物：壤土、碎砖渣、谷壳碳各一份，腐叶土和粗沙各两份。

生石花类多肉植物：砻糠灰少量，椰糠、粗沙、细园土各一份。

小型叶多肉植物：谷壳碳一份，粗沙、腐叶土各两份。

根较细的多肉植物：泥炭土6份，粗沙和珍珠岩各两份。

大戟科多肉植物：泥炭和园土各两份，细砾石3份，蛭石一份。

一般多肉植物：粗沙两份，腐叶土两份，珍珠岩和泥炭一份。

生长速度慢，肉质根的多肉植物：泥炭土一份，蛭石和颗粒土各两份，粗沙6份。

浇水：多肉所需喝水量

不论是在沙漠还是高山地区的多肉植物，枝干与叶片内部都有大量的水分，所以浇水量一定不要太多。但是，多肉植物在非常缺水的时候就会消耗自身的水分，这个时候底部的叶片就会开始慢慢地干枯，番杏类多肉植物在缺水时叶片就会卷曲，还有的多肉植物在缺水时会变软，这个时候就特别需要浇水。

在西北方，因为比较干燥，就需要多浇水。像在沿海地区，因为温度与湿度都比较适宜，就算是夏季，因为有海风吹来，实际温度也会低很多，这个时候多肉植物直接越过了休眠状态，可以放心浇水。但是在南方地区，夏季可能比较热，并且持续的时间也较长，这个时候多肉植物就会进入休眠状态，就不要给多肉植物浇水了，因为多肉植物要靠断水来度过夏季。但是断水的时间不能过长，否则会导致多肉植

物的死亡，在这个时候可以适当增加一些湿气。例如，可以在花盆的托盘中加入一些水，傍晚凉爽的时候可以用喷壶向叶片或者整株喷洒一些水分。

新种下的多肉植物，因为根系较少，正在适应新的生长环境，损伤也正在恢复中，这就导致对水分的吸收能力比较弱，并不需要浇水太多，这个时候应该是频繁而少量地浇水。而生长多年的多肉植物，因为根系已经非常的发达，就算是种植在透气性比较差的铁器里也可以每2~3天浇一次水，如果种植在透气性比较好的花器里就可以每天浇水一次。露天外养的这种多肉植物，即使在连续的阴雨天气或者暴雨天气下，也是没有多大影响的，反而会生长得很快，这种多年生的多肉植物可以多浇水。

光照：了解自家多肉的个性

充足的日照会改变多肉植物的状态，使其健康并且叶片紧凑，不易得病虫害。阴湿环境是最容易滋生病虫害的，有时候也会导致多肉植物腐烂。缺少日照的多肉植物生长状态比较差，长时间缺少日照会使其抵抗力变弱，开始徒长，叶片间的距离会拉长，失去原本的光彩，甚至会死亡。

在春秋季节温暖而潮湿的环境下，要尽可能增加日照的时间，通过日照改变多肉植物的状态效果是很明显的。

虽然日照对多肉植物很重要，但是也要避免烈日暴晒。春秋季是最容易发生晒伤的，日照过于强烈甚至会将多肉植物直接晒成"肉干"，在夏季做一些防护措施是非常必要的，对于一些对高温比较敏感的植物，要搬到阴凉的地方度过夏季。

由于中国幅员辽阔，纬度跨越了近50度，因此不同纬度的地区，在多肉植物的光照方面，需要注意的也不相同。在纬度较低的国内地区，阳光无法直射进朝南的室内，但能保证明亮的散射光，如果是封闭式阳台，则无需遮阴，注意通风降温，如果是露台或者天台，对于不耐晒的植物要适当遮阴。而在纬度较高的地区，日照角度小，辐射强度弱，除了夏季正午高温时适当遮阴外，其余时间可充分接受光照。

要注意的是，遮阴并不是遮住所有的光线，而是遮住部分日光直射光，防止日光灼伤植物或日光直射温度过高导致植物蒸腾作用太强而死亡。

施肥：家有萌宠 快快成长

氮肥能使植物叶子硕大健康，使叶片减缓衰老，养护中常使用氮肥来促进植物快速生长。以此营养元素为主要成分的化肥，包括碳酸氢铵、尿素、硝铵、氨水、氯化铵、硫酸铵等。

磷肥能使植物发育良好，提高抗寒性，促进植物提早开花结果。以此营养元素为主要成分的化肥，包括普通过磷酸钙、钙镁磷肥等。

钾肥能促进植物根系及茎秆发育。以此营养元素为主要成分的化肥目前施用不多，主要品种有氯化钾、硫酸钾、硝酸钾等。

对于一些如岩牡丹属、帝冠、花笼等生长极为缓慢的品种，以及生石花属的多肉植物，还是少施肥或不施肥为好。这就是说，施肥和浇水一样，要和这些品种本身的生长速度相适应。需要少浇水的品种，可以少施肥。不过一些多肉植物在养的过程中，加大温差，促进生长，也经常施一些速效肥，效果显著。所以施肥一定要根据多肉植物生长情况来调整，这样可以起到良性循环的作用。

植物开花结果需要消耗大量的养分。植物的开花结果是一次重要的生命周期，所以每到这个时候，植物全部的组织都会配合这次生养后代的重要行动，其中包括：茎秆会加粗以防止花朵果实过重而倒伏。根系会扎得更深，帮助吸收更多的养分。有些植物连叶片都会适当的脱落，以免遮挡昆虫的授粉和果实的采光。因而此时多肉植物需要更多的额外肥来补充。

温度：对你的肉肉嘘寒问暖

　　夏季温度过高的情况下，大部分多肉植物会进入休眠状态，一般在超过30℃的情况下多肉植物开始休眠，这时多肉植物就会停止吸收水分，自身也会停止生长，状态就会变得比较差，这时同样要停止浇水，因为过多的水分会使多肉植物腐烂。所以夏季要适当遮阴，特别是那些对高温比较敏感的多肉植物，可以摆放在阴凉干爽的地方。

　　多肉植物生长的最佳温度是15~30℃，在这个范围内会以正常的速度生长，低于0℃就会被冻伤，因为0℃是冰点，水在低于0℃的情况下就会凝结变成冰。而多肉植物的茎和叶子主要部分就是水分，在气温低于0℃的时候，多肉植物的内部就会结冰，在短时间内虽然不会死亡，但也会造成很严重的冻伤。

　　当然，也有一部分多肉植物是比较抗冻的，特别是景天属和长生草属，最低能抵抗-15℃。景天属的大部分多肉植物，如薄雪万年草、垂盆草等等，在国内很常见，并且常被用于园林绿化，如果冬季温度很低的话，地表的部分会死亡，但是来年春天又会长出新的叶片。而长生草属本来就属于高山植物，高山上夜间温度本来就低，所以在平地种植也是很抗寒的植物。其他的比较抗寒的多肉植物还有石莲花属，部分叶片较厚的多肉植物也能抵抗短时间的低温环境，不过抗寒的前提是根系与多肉植物的主干部分是非常健壮的。

最简单的繁殖技巧，小我变大家

　　繁殖才是植物长久生存的关键，而多肉植物的繁殖简单可操作，既可以选择叶插、分株，也可以用枝插，每一种方式都能让你的多肉植物繁盛起来。

叶插：掉落的一片叶子也可成活

　　叶插法是多肉植物的一种扦插繁殖方法，成功率很高，方法也比较简单。

　　受到感染的叶片和已经透明化的叶片不可以用来叶插，不仅无法繁殖成功，带有黑色感染部分的叶片还会传染，要立即扔掉。

　　进行叶插繁殖时首先要准备叶插的土壤。将土壤平铺在花盆内，尽量使厚度略厚一些，这样可以使叶片生根后能从土壤中吸取更多的营养。也可以将叶片置于空气中，在长出芽后移至土壤中。如果不及时移植，会导致叶片和长出的小芽枯死。

　　接着将叶片插入土中，可以选择平放或者插入两种，成功率都比较高。平放时需要注意要将叶片正面朝上，叶片正面是出芽的地方，朝下会影响小芽的生长。

　　栽种后不可以直接进行日照，以免加快水分蒸发，造成叶片死亡。可以放在弱光或散射光下。不要浇水，只需要保持很好的通风环境即可，避免植物闷死或者发霉腐烂。

分株：安全、简单两全法

分株是多肉植物繁殖方法中最简单、最安全的，且成活率高。呈莲座状或群生的多肉植物可以用它们的吸芽、走茎、块茎、鳞茎等进行分株繁殖，在植株需要换盆时进行。

第一步：已经爆棚的植株或想要分株的多肉植物，将盆和植株分离，一手托住盆底，一手扶住植株，倾斜一个角度，将植株慢慢取出，要注意不要扯断根系。

第二步：取出后，整理植物根系，让盘结在一起的根系疏通。

第三步：疏通好根系后，如看到有病根，则用事先消过毒的剪刀剪去病根。

之后即可按照上盆的步骤将植株上盆。

种好植株后，要用浇水器在植株周围浇一圈水，盆土稍湿润即可。浇好水后，将其摆放在通风透气、无阳光直射的地方养护，待 1~2 周后，逐渐见阳光。

枝插：有枝就能成活

枝插法，就是俗称的插条或者扦插法。方法简单实用，成功率很高。

枝插法第一步也是最重要的一步，就是选枝。从长势良好的植株上剪取健康的枝条。从叶片间距较大的枝干处剪下。

已经长出气根的枝干，不需要在土壤中重新生根，对扦插帮助很大，还可以提高成功率。多肉植物容易繁殖，很多品种都可以进行二次扦插繁殖，枝条上的叶片也可以剪取后进行繁殖。进行扦插的枝条要留有很长的枝条，需要插入土中。不要连同叶片一起插入土中，以免造成叶片腐烂化水，并滋生出霉菌，对植物健康造成不利影响。

刚剪取的枝条需要对伤口进行晾干处理，伤口愈合之后再种入土壤中。受伤的枝条直接种入土壤中很容易造成细菌感染，导致伤口化脓。也可以利用紫外线杀菌，用太阳直接晒剪下的枝干，将剪下的部位晒干，以促进伤口痊愈。要注意的是光照不能太强，以免晒伤、晒干植物。

小心呵护，让病虫害远离你的多肉

多肉植物也像其他传统植物一样会生病，如虫害——白粉介就容易侵害叶片，使得植物凋零枯萎。所以我们必须了解这些病虫害，并对症下药，快速地解除危机。

别让害虫伤害你的多肉：害虫种类介绍

多肉植物常见的害虫有小黑飞、蚜虫、介壳虫、蜗牛、毛毛虫等。除了毛毛虫外的害虫，可以通过通风来进行预防。此外，在种植的初期做好清理工作，清洗、修根、换土等都是正确的方法。

小黑飞

这种飞虫比较特殊，只会在通风条件极差的情况下出现。成虫会在土壤中产卵，幼虫并不会飞，但刨开土壤表层后可以发现大量的幼虫。

这种虫害通常不会传染，但有聚集性。有虫卵的花盆里会聚集越来越多的虫害。小黑飞的活动范围不大，容易控制。

防范小黑飞的首要方法就是加强通风，可以直接将花盆移至室外，良好的通风条件不会继续滋生小黑飞。已经患有此种虫害的植株，要换掉整个花盆的土壤，仔细地清洗花盆和植物的根系，换上干净的新土。还可以用碗盛上肥皂水，放在与花盆持平的地位，可以引走小黑飞，从而保护植物。

白粉介

白粉介不仅容易发现，治理方法也很简单。非常干燥的土壤中很容易出现白粉介，并且传播速度很快，在发现后要立即进行隔离，一旦耽误就会使所有的植株沾染上此害虫，严重时会使所有的植物枝条凋萎，直至死亡。白粉介的分泌物还会引发煤污病，具有极大的危害性。

在发现后，可以用牙签或者小镊子清理白粉介。由于白粉介的繁殖力强，因此需要反复的检查有没有幼虫或者虫卵。数量很多时，用"护花神"进行清理，在浇水时段，每周喷洒一次药水，两次即可彻底清除。

蚜虫

蚜虫是很常见的害虫，尽管新植入的植物没有沾染蚜虫，但长有翅膀且繁殖速度极快的蚜虫依然会很容易使植物遭受灾害。

无论是黑色蚜虫还是绿色蚜虫，习性都很相似，破坏力也都很强，会在短时间内繁殖出数量非常巨大的蚜虫军团，吸干植物，破坏植物的茎秆，并且传染力极强。

蚜虫尽管破坏力强，但治疗方法也很简单，最简单的方法是用手直接清理。数量较多时，可以用水直接冲洗，冲洗干净即可。数量巨大时，用"护花神"这种药物可以快速清理干净。

预防蚜虫的方法也很简单方便，将植物移至室外或者通风良好处即可。

介壳虫

介壳虫是多肉植物最容易爆发的虫害，虫类繁多，破坏力强。常见的介壳虫有两种，白色的介壳虫称为"白粉介"，比较常见，经常出现在叶背和叶片的中心处。

另一种为根粉介壳虫，是一种很难治理的虫害，此种病虫通常只会在土壤内活动，沾附在根系上，几乎不会出现在土面上或者勃发出很严重的情况。在极不容易发现的情况下，根粉介壳虫会不断壮大，直至充斥整个花盆。

虫卵和幼虫会在浇水时顺着花盆的出水孔流出，传染到其他的花盆内。根粉介壳虫的传染速度极快，可以在一个夏季内传染上百盆的植物。

对于新植入的多肉植物，要仔细清理整株植物，用干净的新土换掉旧土。

景天科、番杏科很容易滋生根粉介壳虫，百合科的植物则因为可以分泌毒液和麻痹性的液体，不会出现根粉介壳虫。

毛毛虫

毛毛虫是所有多肉植物虫害里最难对付的一种，危害极大。从虫卵中孵化的毛毛虫会从最嫩的叶片开始啃食，随着虫子的成长，危害也越大，在2~3天的时间内，就可以吃完已经成长了近6个月的多肉植物。

毛毛虫是蝴蝶的幼虫，其产下的卵肉眼可以发觉，可以用镊子取走。夏季高温天气，蝴蝶产卵数量多，频率高，因此每天都要进行检查，第一天检查过的地方第二天还要检查，避免出现遗漏。

通常情况下，长有绒毛、体积较大、叶片较厚、颜色深的多肉植物不容易"招惹"蝴蝶产卵，而类似于塔松、乙女心、薄雪万年草、虹之玉等小叶片的景天科植物，很容易被蝴蝶作为产卵的根据地。

小叶片的多肉植物在被毛毛虫啃食后，也会很快死亡。

需要注意的是，室内养护的多肉植物不会出现毛毛虫灾害，纯露天养护的多肉植物容易被蝴蝶产卵。

同时还要注意叶片上有无虫洞、黑色粪便、残缺不齐等现象，一旦出现，就要进行蝴蝶卵的清理工作。

使用药物清理毛毛虫，例如"护花神"，需要加大浓度才有效果。毛毛虫抗药力很强，很难被杀死。用"蛤必治"这类药性强劲的药物效果较好，但是要注意检查有没有完全杀净虫卵，避免复发。

使用强药性的药物时，要套上手套，施药地点要远离食物和厨房、小孩、孕妇等。严格按照说明书的兑水比例进行稀释，避免伤害人体，也避免损伤植物。

使用完药物后的植物不可以立即晒太阳，以免晒伤植物。要放在散射光下或者阴凉处几天后再进行晾晒。被药物损伤的植物恢复得十分缓慢，需要等到新叶片长出，用时在3~6个月。所以用药的强度宁愿弱一点也不要将药效调得过强。

看到虫害后不要胡乱用药，以免对土壤造成污染，应尽量少用药。

远离病虫害，从清理根部做起

多肉植物得病虫害的原因主要有以下几点：

①过分干燥，长时间缺水，长时间置于隐蔽的环境，无法见光。

②水分过多，土壤过于潮湿，滋生霉菌。

③植物自身容易患病，例如：千佛手、火祭、紫章等。

多肉植物的根系保护很重要，根系是多肉植物吸收水分以及土壤中微量元素的主要途径。要想种好多肉植物，首先应该养护好多肉植物，这对多肉植物的生长状态有很好的帮助。

土壤的维护是根系养护的第一步

土壤是植物赖以存活的根本，正确配置的土壤，会使根系长势良好，在短短 2~3 周的时间就能占满整个花盆。如果使用的土壤是污染严重的黑色腐叶土、腐殖土，多肉植物很难会长出新的根系，不利于多肉植物的生长。而容易板结的土壤则会将根系闷死。所以种植的多肉植物，无论品种，每隔 1~3 年都要翻盆一次，进行换土，从而使盆土变得松软，充满间隙，使根系能充分地呼吸。

多肉植物换盆时可以清楚看到根系的生长情况，健康的多肉植物根系发达，多肉植物丰满。因此土壤是否利于多肉植物的生长，只要观察多肉植物的状态便可以了解根系的情况。

很多多肉植物在买回来的时候并没有根，因此需要利用土壤使植物生根，可以选择使用泥炭土，其对植物的根系不仅有很好的帮助，还可以促进生根。

生根的方法有很多，除了用泥炭土生根做基质让多肉植物生根外，还可以用水培生根（将多肉植物放在清水中）或者水苔（用水苔包裹多肉植物基部）生根。

新生的根系呈白色，有些品种还会带有绒毛。这属于正常情况。根系在生长一段时间后，颜色会变深，还会慢慢变得木质化，可以防止幼虫、霉菌侵扰。

根系后期养护

根系的后期养护需要注意:

①不要使土壤过于干燥或者断水,过分干燥会使土壤中的含水量过少,导致根系枯死,不利于植物的生长。

②不要在高温天气的中午进行浇水。以免使原本就高温的花盆内温度更高,形成一种桑拿状态,使根系闷死。

③不要使水分过多,以免造成浸泡状态,长时间浸泡会使根系腐烂、坏死。

多年生的老植株,根系已经十分强大,因此具有非常强劲的根系,能从土壤中吸取充分的营养和水分,对水分要求也比较多。这时不能再根据少给水的方法浇水,而应该是在春秋生长季,每两三天浇水一次。

生长状态良好的多肉植物,根系一定健壮。可以通过这点来观察植物的根系状态。

05

创造专属多肉小世界

本章为大家精心挑选了好看又具有创意的多肉植物DIY实例，相信这些实例一定会让你找到灵感，创造出专属于你的多肉小世界。

绿意袅袅

XXXXXXX ★★☆☆☆

灰绿色的陶盆，搭配上绿意袅袅的多肉植物，看起来
魅力无穷。

养护要点

1. 栽种后要放到温暖、湿润的半阴环境
中养护。

2. 栽种的植株较耐干旱，所以浇水掌握
"不干不浇，浇则浇透"原则即可。

3. 混搭的植株叶形、叶色都很美观，可
以摆放在书桌、博古架上，点缀家居，同时
净化植株周围空气。

创意灵感　利用质朴典雅的圆形陶盆，搭配各种各样的多肉植物造型，享受小巧搭配的乐趣，营造出具有浓浓绿意、休闲舒适的氛围。

栽植步骤

【材料准备】

铲子　镊子　洗耳球　浇水器　填土器　花盆　陶粒　营养土　赤玉石

【搭配植物】

金钱木　天狗之舞　虹之玉　宝草　白牡丹　八千代　黄丽等

❶ 准备好花盆和所需植物。

❷ 用填土器铺上一层陶粒。

❸ 用填土器再倒入事先配置好的营养土。

❹ 用铲子在土中挖好一个小坑，放上多肉植物，小心不要伤到根系。

❺ 按照步骤❹种好后，再将其他植株依次种进盆内，小型的多肉植物可用镊子夹取种上。

❻ 用填土器在植株周围铺上一层赤玉石。

❼ 铺好后，用小铲子在植株周围轻轻压实土壤。

❽ 在种植的过程中，植株叶片上难免会有灰尘洒落，这时用橡胶洗耳球吹去植株上的灰尘，保持植株的美观。

❾ 最后用浇水器在多肉植物周围浇水，忌将水浇到植株叶片上。

多肉大家族

XXXXXXX ★★☆☆☆

13 种 21 株多肉植物混栽在一起，形成一个多肉植物
大家族，各自相互区别又相互映衬。

养护要点

1. 栽后要放到阳光充足的地方养护，在
夏季则要适当遮阴，避免烈日暴晒。

2. 浇水要依据"干透浇透"的原则，植
株不能淋雨，浇水也不能直接从上往下浇，
而是在植株的周围浇水。

3. 可以摆放在阳台或电视柜旁，点缀家
居，给家居带来勃勃生机。

创意灵感

用一个废弃的黑色铁锅，种上五颜六色的多肉植物，聚合 21 株多肉植物，形成一个美丽的大家族。

栽植步骤

【材料准备】

铲子　洗耳球　浇水器　填土器　铁锅　陶粒　营养土　赤玉石

【搭配植物】

卷绢　红稚莲　八千代　青星美人　黑王子　观音莲　鲁氏石莲
大和锦　露娜莲　江户紫　银波锦　昭和　丽娜莲

❶ 在铁锅底部铺上一层陶粒。

❷ 用填土器倒入事先配置好的营养土。

❸ 用小铲子在土内挖好一个小坑，再放入植物，固定好。

❹ 按照步骤③，将其他的多肉植物按照大小依次种进铁锅中。

❺ 按照步骤④种好后，再用填土器在植株周围铺上一层赤玉石。

❻ 铺好后，用小铲子轻轻压实土壤。

❼ 用橡胶洗耳球吹去植株上的灰尘，保持植株的美观。

❽ 用浇水器在多肉植物周围浇水，忌将水浇到植株叶片上。

❾ 最后将混搭好的植株放在阳光充足的地方养护。

废铁出新

XXXXXXX ★★☆☆☆

废弃的铁块，搭配上酷似小石头的生石花，营造出新的不同感觉。

养护要点

1. 生石花在夏季要适当遮阴，冬季要放到阳光充足的地方养护，否则很容易生长不良，导致萎缩。

2. 生石花生长适温在 15~25℃，越冬温度不得低于 12℃。

3. 可以摆放在窗台、阳台等处养护，似一件精致的工艺品，点缀家居。

创意灵感　　废弃的铁块，用一层铁纱网铺垫，就可以变成一个多肉植物花盆，五彩斑斓的生石花与铁块的锈斑形成鲜明对比，一个生机勃勃，一个黯然失色，两者搭配，造就不一样的多肉植物世界。

栽植步骤

【材料准备】

镊子　洗耳球　浇水器　填土器　铁纱网　小铲子　铁块　陶粒　营养土　赤玉石

【搭配植物】

生石花

❶ 在铁块底部垫上一个铁纱网。

❷ 用填土器铺上一层陶粒。

❸ 将陶粒铺整齐后，再用填土器铺上营养土。

❹ 用小铲子在土中挖好小坑后，用镊子夹取生石花放到洞中，将其固定住即可。

❺ 按照步骤④，将其他的生石花种上，可简单地设计造型，让盆内的生石花形成一个凸形面。

❻ 待种好多肉植物后，再用填土器在生石花周边铺上一层赤玉石。

❼ 铺上赤玉石后，再用小铲子压实即可。

❽ 用橡胶洗耳球吹去植株上的灰尘，保持植株的美观。

❾ 最后用浇水器在生石花周围浇水，忌将水浇到生石花上。

海螺造景

XXXXXXX ★★☆☆☆

海螺凝聚大海的心声，代表着留住美好，而拉菲草则又叫爱情草、许愿绳，搭配上可爱的多肉植物，让创意灵感变得饱满。

养护要点

1. 栽后要放到温暖、通风的环境中养护。

2. 浇水在夏季要保持盆土稍湿润，但不能积水，冬季控制浇水或断水。

3. 可以摆放在电脑桌、窗台、电视机旁等处，能净化周围小范围的空气。

在海边随意拾取的海螺，搭配上象征着爱情之绳的拉菲草，给多肉植物混搭赋予爱情、停留美好的寓意。

【材料准备】

镊子 洗耳球 浇水器 木盆 海螺

【搭配植物】

大和锦 露娜莲 美丽莲 黛比 黄丽 观音莲 丽娜莲 拉菲草 水苔

❶ 准备木盆和多肉植物。

❷ 在干燥的水苔中洒上清水。

❸ 待水苔浸泡一段时间后，用手把水苔拧干，即可备用。

❹ 将拉菲草按照一个方向，铺在木盆底部。

❺ 按照步骤❸弄好的水苔，用镊子夹取放到海螺里。

❻ 放上水苔后，再用镊子将多肉植物放进水苔中，可双手操作，固定植物。

❼ 按照步骤❻，将其他的多肉植物分别栽植进海螺中，并摆放整齐。

❽ 用橡胶洗耳球吹去植株上的灰尘，保持植株的美观。

❾ 因多肉植物在水苔中，需要一段时间才能长好根系，所以种好后，不宜马上移动木盆。

枯木逢春

朝气蓬勃的多肉植物，搭配老去的枯木，给多肉植物安了一个漂亮的家，给枯木带来新的生机。

养护要点

1. 夏季要控制浇水，停止施肥，在天气炎热时，要将植株放在走廊下或阳台内侧等无阳光直射的地方养护。

2. 浇水要掌握"不干不浇，浇则浇透"的原则，但要避免积水导致烂根。

3. 春秋季天气凉爽时，要放在阳光充足的地方养护，不然植株容易徒长，影响观赏。

路边的一块枯木，信手拈来即可创造出一段神奇。灵感来源于生活，回归于生活，所以在选材时，可物尽其用。

栽植步骤

【材料准备】

镊子　洗耳球　枯木

【搭配植物】

丽娜莲　大和锦　青星美人　露娜莲　观音莲　红稚莲　白凤　白牡丹　水苔

❶ 准备好枯木和多肉植物。

❷ 向桶里的水苔洒水。让干燥的水苔在清水中浸泡一段时间。

❸ 泡好后，双手将水苔挤干，即可使用。

❹ 用镊子将事先泡好的水苔放到枯木上。

❺ 用镊子将多肉植物放到水苔里，用一小团水苔将多肉植物固定住。

❻ 按步骤❺将其他多肉植物依次种在水苔上。如担心多肉植物种上不够稳，事先可用细的钢丝将多肉植物根部和水苔捆绑在一起。

❼ 用洗耳球将植株上的灰尘、杂质等吹走，保持美观。

❽ 栽种好的多肉植物不宜移动，要放置一段时间，待多肉植物根系长好后再移动。

🔸 **小贴士** Tips

　　干燥的水苔不能直接使用，需在清水中浸泡，才能恢复生机。它能给新栽种的多肉植物提供一些养分。

方形世界

在长方形的素陶盆中，栽上各种造型独特的多肉植物，让人眼前一亮。

养护要点

1. 植株耐干旱，保持盆土稍湿润即可，冬季控制浇水。

2. 栽种后要放到温暖、干燥且光线明亮的地方养护。

3. 可以摆放在书桌、博古架、电视柜旁，点缀家居，让家居更加清新高雅。

创意灵感　　素白色的陶制长形花盆，搭配百合科、景天科等科属植物，在颜色上色彩斑斓，造型上也各有特色，搭配在一起，高低错落，独具特色。

栽植步骤

【材料准备】

铲子　洗耳球　浇水器　填土器　镊子　铁纱网　陶粒　营养土　赤玉石

【搭配植物】

玉吊钟　若歌诗　火祭　将军阁　八荒殿　条纹十二卷　不夜城　寿玉扇
九轮塔　白帝　子宝　白鸟

❶ 在素陶底部放上一个铁纱网。

❷ 用填土器铺上一层陶粒。

❸ 用填土器再倒入事先配置好的营养土。

❹ 用镊子夹取植物，放到事先挖好的洞内，再用土固定住。

❺ 按照步骤④种好后，再将其他植株依次种进盆内。

❻ 用填土器在植株周围铺上一层赤玉石。

❼ 铺好后，用小铲子轻轻压实土壤。

❽ 用橡胶洗耳球吹去植株上的灰尘，保持植株的美观。

❾ 用浇水器在多肉植物周围浇水，忌将水浇到植株叶片上。最后将混搭好的植株盆景放在阳光充足的地方养护。

多肉篮子

用铁篮子搭配上水苔制作一个盛大的多肉篮子，让你满载而归。

养护要点

1. 栽种后要将植物挪到有光线的地方养护，不需要遮阴。夏季中午忌暴晒。

2. 因为用水苔种植，所以要经常浇水，以保持植物的营养供应。

3. 混搭后的植物色彩斑斓，极具有观赏性，适合摆放在家居中观赏。

创意灵感　　废弃的铁篮子可以用来栽种多肉，搭配上营养丰富的水苔，一定能让多肉更加茁壮地生长。

栽植步骤

【材料准备】

铲子、镊子、洗耳球、浇水器、铁桶、铁篮、水苔

【搭配植物】

蓝松、窄叶不死鸟、黑王子、虹之玉、黄丽、火祭、若歌诗

❶ 将水苔放入铁桶中。

❷ 用水淋湿水苔。

❸ 用手搓揉，抹匀。

❹ 准备好精美铁篮和要用到的多肉植物。

❺ 将打湿的水苔放入事先准备好的精美铁篮中。

❻ 用镊子小心放入多肉植物。

❼ 按照之前步骤，将其他植株依次种进盆内。

❽ 用橡胶洗耳球吹去植株上的灰尘。

多肉蛋糕

将色彩不同的多肉融合在一起，像极了五彩缤纷的生日蛋糕，看到它心情也能变得特别美好。

养护要点

1. 栽种后植物不适合立即放在阳光下暴晒，适合在弱光下养护一段时间。

2. 绿之铃在夏季会徒长、爆盆，所以在夏季要及时进行修剪，以免影响其他植物的生长。

3. 混合后的植物互相呼应，适合做家居装饰物品，能使家居变得轻松活泼。

绿色的绿塔、绿之铃搭配上色彩不一的黄丽、火祭、紫珍珠等，让这个铁篮子的内容更加丰富。

栽植
步骤

【材料准备】

铁桶、铁篮、水苔、铲子、镊子、洗耳球、浇水器

【搭配植物】

绿塔、黄丽、昭和、火祭、紫珍珠、绿之铃

❶ 水苔在使用前需要进行一定的处理，将水苔放在专用的水桶中。

❷ 用水淋湿水苔，让水苔能疏松开来。

❸ 用手搓揉，抹匀。

❹ 准备好精美铁篮和要用到的多肉植物。

❺ 将水苔用棉线捆绑在一起，将打湿的水苔放入事先准备好的精美铁篮中。

❻ 用镊子小心放入多肉植物。

❼ 按照之前步骤，将其他植株依次种进盆内。

❽ 用橡胶洗耳球吹去植株上的灰尘。

浓绿秋意

色彩是搭配组合的关键，所以选择多肉时，一定要注重颜色的舒适度。

养护要点

1. 栽后要注意浇水，植物要放在阳光充足的地方养护，避免植物缺水枯萎。

2. 夏季要保持盆土稍湿润，但忌浇水，冬季控制浇水或断水。

3. 植物后期可以放置在阳台上有阳光直射的地方养护。

创意灵感

用淡绿、浓绿等颜色的多肉植物搭配素烧陶盆有一淡雅风韵，让人倍感舒畅。同时除了色彩外，还要求高低搭配，整体更加错落有致。

栽植步骤

【材料准备】
培养土、陶粒、铁丝网、陶盆、镊子、洗耳球、浇水器、水桶

【搭配植物】
八千代、花舞笠、小和锦

❶ 先准备墨色陶盆和多肉植物。

❷ 在盆底铺上一张铁丝网。

❸ 用填土器在盆底铺上一层陶粒，铺于铁丝网上。

❹ 用填土器在陶粒上再倒入事先混合好的培养土。

❺ 用小铲子在土种挖出小坑，放入植株，一般先把大的种上，再种小的。

❻ 按以上步骤将其他的植株依次种好，小心别让小铲子伤到其他植株。

❼ 将植物种好后，用填土器再铺上一层鹿沼土。

❽ 用小铲子压实土壤，以防植株松动。

❽ 在种植的过程中，难免会在植株上留下灰尘，这时可用橡胶洗耳球吹去植株上的灰尘。

白瓷组合

白色是经典色，用一套白瓷组合栽种多肉植物，更显素雅白净。

养护要点

1. 植株在种植完后，要先放到通风且光照充足的地方养护一段时间。

2. 条纹十二卷、生石花、鸾凤玉等植株均耐干旱，所以浇水的次数可以稍加减少，一般每周浇水一次即可。

3. 植物最好做整体摆放，不要分开，整体效果更具有观赏性。

创意灵感　　越来越多的多肉花盆出现，如本案例中用四个一样的白瓷花盆栽种多肉植物，既可以合在一起，也可以单独摆放。

栽植步骤

【材料准备】

白瓷容器、石子、培养土、陶粒、铲子、填土器

【搭配植物】

红帝玉、绿珠玉、条纹十二卷、生石花、少将、白凤菊、弯凤玉、超兜

❶ 用填土器在盆底铺上一层培养土。

❷ 在土里用铲子挖好坑，一手扶住植株，一手拿铲子将植株固定。

❸ 按照步骤 2，将其他的植株种好。

❹ 待将植株都种上后，再用填土器在种好的植株表面铺上一层陶粒。

❺ 种完后，为避免植株晃动，可用小铲子将盆土再压实一些。

❻ 在种植的过程中，难免会在植株上留下灰尘，这时可用橡胶洗耳球吹去植株上的灰尘。

❼ 再用浇水器，对种好的植株浇水。

❽ 重复以上步骤，做好四个小盆栽，就可组合在一起了。

多肉彩虹杯

白色透明的塑料杯能看见里面的泥土层次，搭配上颜色不一的多肉，形成一个彩虹杯。

养护要点

1. 杯中所放入的各种材料是为了提高观赏性，并非是需要这么多材料，玩家可根据自己的喜好来自行设计。

2. 盆栽宜放置在明亮、通风处养护，每两周左右浇一次水。

创意灵感

　　废弃的玻璃杯可以用来栽种多肉，透明的材质让多肉泥土更加层次分明地展现在我们眼前。

栽植步骤

【材料准备】

玻璃杯、鹅卵石、陶粒、颗粒介质、沙土、小铲子、吸耳球

【搭配植物】

花月、姬胧月、 大和锦、江户紫

❶ 准备好盆器和多肉植物。

❷ 在容器底部放入少量的鹅卵石。

❸ 在鹅卵石上放入一层陶粒。

❹ 在陶粒上倒入适量颗粒介质。

❺ 倒入沙土至容器九分满处。

❻ 将多肉依次种植在容器中。

❼ 然后在盆土上铺一层颗粒物。

❽ 用吸耳球吹去植表的灰尘。

❾ 用浇水器给盆栽少量浇水。